Sitzungsberichte
der Akademie der Wissenschaften
der DDR
Mathematik – Naturwissenschaften – Technik

2N

1983

Ausgewählte Forschungsergebnisse aus der organischen Chemie

AKADEMIE-VERLAG · BERLIN

Sitzungsberichte
der Akademie der Wissenschaften
der DDR
Mathematik — Naturwissenschaften — Technik

Jahrgang 1983 · Nr. 2/N

Ausgewählte Forschungsergebnisse aus der organischen Chemie

Festkolloquium zum 80. Geburtstag von Alfred Rieche

AKADEMIE-VERLAG · Berlin
1983

Vorträge des Festkolloquiums anläßlich des 80. Geburtstages von Alfred Rieche, Ordentliches Mitglied der Akademie der Wissenschaften der DDR, veranstaltet von der Klasse Chemie, dem Zentralinstitut für organische Chemie und der Chemischen Gesellschaft der DDR am 6. Mai 1982

Herausgegeben im Auftrage
des Präsidenten der Akademie
der Wissenschaften der DDR
von Vizepräsident Prof. Dr. Heinrich Scheel

ISSN 0138-3956
Erschienen im Akademie-Verlag, DDR-1086 Berlin, Leipziger Str. 3-4
Lizenznummer: 202 · 100/64/83
Printed in the German Democratic Republic
Gesamtherstellung: VEB Druckhaus Köthen
LSV 1275
Bestellnummer: 7632371 (2010/83/2/N)
DDR 6,– M

Inhalt

Hermann Klare

Laudatio

Sehr verehrte Frau Rieche!
Sehr geehrter, lieber Herr Rieche!
Meine Damen und Herren!

Einer Laudatio für einen verehrten und verdienten 80jährigen Kollegen und für ein langjähriges Ordentliches Mitglied unserer Akademie gehen bekanntlich immer eine Reihe von Laudationes zu seinen sogenannten runden Geburtstagen voraus. Ich habe lange Zeit geglaubt, das wäre ein Brauch neuerer Zeiten, jedoch das Studium der diesbezüglichen wissenschaftlichen Literatur belehrte mich eines besseren und stimmte mich recht froh, weil ich damit - und das nicht nur heute und aus diesem Anlaß - eine schöne Tradition fortsetzen kann. Diese bereits vorhandenen Laudationes haben nun einen unbestreitbaren Vorteil: Man bekommt reichlichen Stoff und meist auch die Erwiderungen des Laudanden in erheblicher Fülle, aus dem ich bereits Gesagtes wiederholen und Neues machen konnte. Diese zahlreichen Laudationes haben aber auch einen Nachteil und den hat der geistreiche Spötter G. B. Shaw einmal in folgende Worte gefaßt, die ich Ihnen, lieber Herr Rieche, nicht unterschlagen möchte, weil ich weiß, daß Sie solche Sentenzen lieben; ich hoffe nur, Sie kennen noch nicht, was ich jetzt zitiere: „Wenn auf dieser Welt ein Mensch irgend etwas sagen will, so besteht die Schwierigkeit nicht darin, daß man es ihn sagen läßt, sondern darin, ihn zu hindern, daß er es allzu oft sagt." Ich bin nun dieser „Mensch". Manches, was ich sagen werde und vieles, was ich sagen muß und möchte, einfach um ihrer umfangreichen Lebensarbeit gerecht zu werden, ist schon des öfteren ausgesprochen worden; ich stand und stehe also, um mit Shaw zu sprechen, vor der Schwierigkeit, mich selbst zu hindern, dasselbe allzu oft zu sagen; denn wer sonst sollte und würde es verhindern? Ich mußte demgemäß die Kunst des Weglassens üben; aber nachdem Sie, lieber Herr Rieche, mir einmal erzählt haben, wie Sie textlich überlange Doktorarbeiten Ihrer Schüler zu kürzen pflegten, indem Sie durch entsprechenden Druck aus mit - gar nicht falschen, aber überflüssigen - Worten und Sätzen allzu vollgesogenen Passagen den „Überfluß" herauspreßten, habe ich mich, wie gesagt, freiwillig zum Weglassen entschlossen, auch eingedenk jenes treffenden Ausspruchs des bekannten Berliner Intendanten OTTO BRAHM: „Wat jestrichen is, kann nicht durchfallen.“ Das gilt ja cum granu salis für jeden aller Art und für Laudationes ebenso. Ich hoffe, Sie akzeptieren dieses Vorhaben im nachhinein.

Irgendjemand – und das habe ich behalten – hat einmal ausgesprochen oder geschrieben, Sie seien ein „LIEBIG-Urenkel“. Wenn man die Genealogie Ihrer Lehrer und wiederum deren Lehrer – PUMMERER – WILLSTÄTTER – A. v. BAYER – KEKULÉ (BUNSEN) – LIEBIG beachtet, dann stimmt das ja auch. Deshalb möchte ich mit einem LIEBIG-Zitat fortfahren, das wohl auch Ihre Art zu arbeiten und zu forschen ein bißchen berührt, wenn ich richtig interpretiert habe, was Sie von sich selbst und über sich selbst gesagt und geschrieben haben: „Glauben Sie mir“, so sagte LIEBIG, „glauben Sie einer bald dreißigjährigen Erfahrung und einer genauen Kenntnis der Geschichte der Naturwissenschaften wenn es einem Naturforscher gelang, das Leben durch seine Forschungen zu bereichern, so beruhte dies lediglich auf einer Untersuchungsmethode, von welcher behauptet werden kann, daß von ihr die außerordentlichen Fortschritte bedingt und hervorgerufen sind, welche die Gewerbe, die Industrie, die Mechanik, die Naturwissenschaften in den letzten fünfzig Jahren gemacht haben. Es sind dies die Wege der Erkenntnis und Forschung, die wir FRANZ BACON und GALILEI verdanken, welche eine falsche Philosophie jahrhundertelang aus der Medizin und den Naturwissenschaften verdrängt hatte, die aber jetzt durch ihre Siege im Interesse der Menschheit immer mehr Boden gewinnen. Die deutsche Naturphilosophie, wir sehen auf sie zärtlich wie auf einen abgestorbenen Baum, der das schönste Laub, die prächtigsten Blüten, aber keine Früchte trug. Mit einem unendlichen Aufwand von Geist und Scharfsinn schuf man nur Bilder, aber auch die glänzendsten Farben sind, wie Goethe in seiner Farbenlehre behauptet, nur getrübtes Licht. Wir aber wollen und suchen das reine Licht, und dies ist die Wahrheit“ [1].

Sie haben an ihrem 75. Geburtstag [2] hier vor der Klasse Chemie betont, das Wichtigste sei, jedem die Freude an der Arbeit zu erhalten und ohne Neid sich auch an den Erfolgen der anderen erfreuen zu können, schlimme Mörder seien die „Stimmungsmörder“ und solche, die eine gute Atmosphäre zerstören. Wenn LIEBIG nun von der Suche nach dem reinen Licht und nach der Wahrheit spricht, dann – davon bin ich überzeugt — will er darin ebenfalls diese ungetrübte Freude an der Arbeit und die gute Arbeitsatmosphäre eingeschlossen wissen. Ich kann bezeugen, daß es Ihnen immer ernst damit war, ein erfreuliches Klima in Ihrem Institut aufrecht zu erhalten, und mehrere Mitglieder unserer Akademie und der Leopoldina, sowie 8 Professoren, die alle Ihre Schüler waren, legen gleichfalls Zeugnis ab dafür, daß Sie jungen Menschen die Fähigkeit zum Forschen-Können übermittelt haben, wobei Sie, wie Sie selbst bekannten, ebenfalls bei LIEBIG anknüpften.

Lieber Herr RIECHE, Sie rechneten sich, wie Sie einmal sagten, „ganz bescheiden zu den naiven organischen Chemikern“ [2], wobei Sie sich in Anlehnung an die rein intuitiv auffassenden sogenannten naiven Maler so ausdrückten. Als ich das jetzt wieder las, habe ich mich gefragt, ob dieser Vergleich, obwohl er von Ihnen selbst stammt, denn eigentlich stimme; denn so „naiv“ war die von Ihnen betriebene organische Chemie ja gar nicht, zum mindesten gilt dieser Begriff m. E. nur, wenn man darunter — da lob' ich mir wieder das LIEBKNECHTsche Volkswörterfremdbuch — „unbefangen“ oder „ungezwungen“ versteht; aber nicht gerade „einfältig“ oder „treuherzig“. Ich glaube auch, Sie legen die Betonung wohl auf die Intuition, von der Sie sich leiten ließen, und die war sicher ungezwungen und unbefangen und insofern „naiv“.

Ich hoffe, Sie spüren, worauf ich hinaus will; auf die Vielseitigkeit Ihres Lebenswerkes. Im allgemeinen kennt der organische Chemiker seinen Kollegen ALFRED RIECHE als den „Peroxid-RIECHE“, insbesondere stößt er überall dort auf Ihre Arbeiten und Erkenntnisse, wo von Alkylperoxiden, Autoxydationsvorgängen bis hin zu Ozoniden die Rede ist, und wo diese Verbindungen angewendet werden. Sie haben selbst erzählt, wie Sie durch den Rat WILLSTÄTTERS auf Ihre Frage nach einem selbständigen Arbeitsgebiet zu den Peroxiden gekommen sind, und wenn man Ihr Lebenswerk überblickt, sind Sie davon auch nie wieder losgekommen. Trotzdem ist das aber nur ein Teil dessen, womit Sie und Ihre Mitarbeiter die organische Chemie im weitesten Sinne des Wortes bereicherten. Ich kann das übrige nur in Stichworten vortragen; aber ich möchte es tun; um meine Behauptung von der Vielseitigkeit zu belegen; Sie bearbeiteten mit Erfolg:

- Zwischenprodukte und hochkondensierte Ringsysteme,
- Verbindungen mit aktivem Chlor und neue Systeme damit,
- Lösungsmittel und Weichmacher (Furfurolchemie),
- Arzneimittelsynthesen,
- Ligninchemie und Nutzung von Lignin für Plaste,
- Mikrobielle Synthesen, ihre biologischen Grundlagen hauptsächlich mit dem Ziel der Nutzung von Zellstoffablaugen u. a. Industrieabprodukten für die Futterhefegewinnung einschließlich technischer apparativer Neuentwicklungen.

Beim letzten möchte ich etwas verweilen, weil sich hier unsere Lebenswege berührten, von kreuzen möchte ich nicht sprechen, das geschah erst später.

Ich habe aus Anlaß Ihrer Emeritierung am 2. 4. 1968 schon einmal gesagt, daß ich mitunter an den offenbaren zeitlichen Zufall denke, der uns beide im gleichen Jahr 1933 in Wolfen ansiedelte. Sie als bereits ausgewiesenen habilitierten Chemiker in der Farbenfabrik, mich als krassen Anfänger in der Filmfabrik. Ich habe - aus ganz anderem Anlaß als dem heutigen - in den letzten Monaten mich mit Archivalien der Filmfabrik befaßt und dabei bin ich auch auf folgendes gestoßen [3]. Die Filmfabrik Wolfen begann im Jahre 1925 im Labor der Stickstoff-Fabrik mit Versuchen zur Veredlung von Pflanzenfasern mit Salpetersäuredämpfen. Gleichzeitig versuchte man Zellulose aus Holz durch Reaktion mit HNO_3 und Stickoxiden zu gewinnen. Ferner geht aus dem Agfa-

Jahresbericht 1926 [4] hervor, daß zur Fotoabteilung eine Zellulose-Versuchsfabrik gehörte, in der allerdings vornehmlich nitriert wurde, zwecks versuchsweiser Gewinnung von Kollodiumwolle für Filmunterlagen. Man befaßte sich aber auch schon 1926 mit Versuchen zum Holzaufschluß nach dem Sulfitverfahren und Salpetersäureverfahren. 1928 waren diese Versuche mit Salpetersäure soweit gediehen, daß höhere Zellstoffausbeuten als sonst üblich erzielt wurden [5]. Diese Untersuchungen liefen mit z.T. starken Einschränkungen auch während der Weltwirtschaftskrise weiter, und bereits im November 1930 konnte E. OPFERMANN, der Leiter des Zellulose-Technikums bis 1933, berichten, daß bei richtig geführtem Aufschluß der Fichtenzellstoff bei der Herstellung von Kunstseide durch Buchenholzzellstoff ersetzt werden kann [3]. 1934 wurden diese Zellstoffversuche mit Buchenholz intensiviert und es ist ja allgemein bekannt, daß 1935/1936 in der Filmfabrik Wolfen eine Buchensulfit- und eine Buchensalpetersäure-Zellstoff-Fabrik mit über 100 t/d Produktion an Zellstoff gebaut wurden. Es waren übrigens die ersten ihrer Art, und man sollte die Namen drei weiterer Chemiker nicht vergessen, die daran intensiv beteiligt waren: PETERSEN, A. BAYERL und H. BUBECK. Bei alledem gab es aber ein Problem: die Verwertung der Ablaugen, und da bin ich wieder bei A. RIECHE. Buchenholz enthält ja bekanntlich wesentlich mehr Pentosen als Hexosen, und obwohl die mikrobielle Verwertung von Hexosen aus Sulfitablaugen bekannt war, machten die Pentosen in der Buchenholzablauge erhebliche Schwierigkeiten. Ihnen, lieber Herr RIECHE, und ihren Mitarbeitern gelang nun erstmalig der Nachweis der Verwertung dieser Pentosen, d.h. also die mikrobielle Verwertung von Buchenholzsulfitablaugen für die Futterhefeherstellung, auch der Fermentor dafür wurde von Ihnen entwickelt, dessen technische Ausführung nicht nur in Wolfen sondern in mehreren Ländern angewendet wurde. Man kann das übrigens in Ihrem schönen „Grundriß der technischen organischen Chemie" nachlesen, und dort ist auch das entscheidende Patent für die Verhefung von Buchensulfitablauge genannt, das auf die Namen VIERLING, RIECHE, HILGETAG und GRÜTZNER ausgestellt ist [6]. Sie haben sich übrigens mit diesen – wie wir heute sagen – biotechnischen Verfahren auch bei anderen Ausgangsmaterialien bzw. Abprodukten intensiv befaßt, aber es würde zu weit führen, darüber hier auch noch zu sprechen; Stichworte mögen genügen: Sulfitspritherstellung, Futterhefe aus Melasseschlempe, Kartoffeln, Produkten der Zuckerrübe, Holzvanillin und schließlich die Auffindung des „Proportionalitätsgesetzes", nach dem die Assimilation des Substrats proportional der Zahl der wachsenden Mikroorganismen und unabhängig von der Substratkonzentration bei Wuchshefen ist.

Als ich diese Laudatio niederschrieb, erinnerte ich mich, daß mir Ihr Name und Ihre Tätigkeit in der Farbenfabrik damals zum ersten Male begegnet sein muß, weil ich ab 1936 in Wolfen – übrigens seinerzeit sehr zu meinem Leidwesen, später zu meinem großen Vorteil (wie das Leben so spielt) – aus der praktischen Chemie des Labors und Betriebs herausgeholt und in die Wolfener

Zentrale an einen Schreibtisch „verbannt" wurde, auf dem u.a. Wirtschaftlichkeitsberechnungen ausgeführt wurden, und da kam mir auch die Futterhefe unter. Dieser ersten Begegnung wegen habe ich das ganze erzählt und nicht weil mir Zellulose begreiflicherweise recht sympathisch ist, hat sie doch später in meiner Arbeit eine entscheidende Rolle gespielt. Ich habe aber auch darüber gesprochen, weil ich an diesem einem Beispiel zeigen wollte, daß sich in fast allen Ihren Arbeiten die Frage nach der Anwendungsmöglichkeit findet, genau genommen meist nicht nur die Frage danach, sondern auch die Anwendung selbst.

Wenn Sie einmal sagten, an Ihrem bereits erwähnten Lehrbuch „Grundriß der technischen organischen Chemie" sei wohl mit Recht kritisiert worden, daß es vom Stofflichen ausgehe und nicht vom Verfahrenstechnischen, dann muß ich Ihnen erwidern, ich habe das ausgesprochen als Vorteil empfunden; denn Chemie ist ja nun einmal „Stoffwirtschaft", und wenn ein Chemiker das Stoffliche etwas mehr als das technische Verfahren betont, dann ist das für mich insofern wohltuend, als es zugleich deutlich macht, daß wir Chemiker ohne den guten Ingenieur, ohne den klugen Verfahrenstechniker nicht auskommen können, was wiederum, wenn ich die Zeichen der Zeit bedenke, in einigen Werken vergessen oder übersehen wurde und leider auch noch wird. Sobald im besten Sinne des Wortes die Zusammenarbeit von Chemikern, Physikern, Ingenieuren, Verfahrenstechnikern in den chemischen Werken nicht reibungslos und wirklich kollegial funktioniert, bleibt die moderne Technik auf der Strecke. Sie haben das, so meine ich, mit anderen Worten auch gesagt: „Auch apparatetechnische Probleme löste ich intuitiv. Wenn man Phantasie hat, kommt man oft zu neuen, einfachen Lösungen, allerdings nicht zur Optimierung von Verfahren". Ich glaube, viele von uns haben neue apparatetechnische Probleme, wie Sie sagen, intuitiv gelöst und die erforderliche Optimierung fanden dann unsere Kollegen der Ingenieuerwissenschaft und der Verfahrenstechnik; zum mindesten hätte ich dafür einige Beispiele zur Hand.

Ich will und sollte aber nicht von mir reden und deshalb wieder hin zu einer Äußerung, lieber Herr Rieche, die Sie ebenfalls um Ihren 75. Geburtstag herum, von sich gaben. Sie sagten, ein Nachteil wäre es für Sie gewesen, daß Sie – außer bei Wirtschaftlichkeitsberechnungen – nie in Zahlen denken konnten und darum seien Ihre Arbeiten nicht von Mathematik durchsetzt. Mir steht es nicht an, darüber zu rechten; aber es hat Sie vor einem bewahrt, über das – etwas gallig-bissig – unser Kollege J. Hurwic von der Universiteé de Provence in Marseille schrieb: „Verschiedene Autoren wählen bei der graphischen Darstellung experimenteller Ergebnisse diejenigen Punkte aus, die es ermöglichen die erwartete Kurve zu zeichnen. Diese Praxis beruht häufig auf einem neuen ‚mathematischen Theorem'. Man kann eine Gerade durch drei beliebige Punkte führen, vorausgesetzt, daß sie breit genug ist. Man findet das, was man sehen möchte" [7]. Ich meine so ganz unrecht hat Hurwic ja nicht, und es erinnert auch daran, was Sie 1977 über D'Alambert und Rameau erzählten, von dem echten Mathematikerausspruch, der einem braven Experimentalchemiker auch gegolten haben könnte, als D'ALAMBERT nämlich die Harmonielehre von RAMEAU bearbeitete und, wie es heißt, „sie erst verständlich machte" [2].

Im Mai oder Juni 1945 bin ich Ihnen bei einer für meine zukünftige Arbeit vielleicht sogar ausschlaggebenden Gelegenheit begegnet. Ich habe das schon einmal erzählt; aber es ist fast 15 Jahre her, und deshalb darf ich es wohl wiederholen. Einige der Chemiefaserchemiker, die damals von Landsberg nach Premnitz verschlagen worden waren, hatten aus der Not der Zeit heraus begonnen, im Labor aus vorhandenen Beständen Arzneimittel zu synthetisieren, insbesondere Sulfonamide, die überall auch in der Provinz Brandenburg fehlten. Ich fuhr seinerzeit auf abenteuerlichen Wegen von Premnitz nach Wolfen zu Ihnen, weil ich wußte, Sie seien wohl der richtige Mann, ein solches Vorhaben zu bereden, wenn es größeren Umfang annehmen sollte. Sie haben mich und meine Kollegen - Gott sei Dank - vor diesen Vorstellungen bewahrt, weil Sie mir mit treffenden Argumenten klar machten, daß man eine Chemiefaserfabrik doch wohl kaum auf eine Arzneimittelproduktion umstellen könne und dürfte, da Bekleidung jetzt mehr denn je auch zum dringendsten Lebensbedürfnis der Menschen gehöre. Ich bin dann übrigens gleich zu meinem ehemaligen „Lehrmeister" K. KÖSSLINGER in die Filmfabrik gelaufen, und versuchte, bei ihm Zellstoff zu „schnorren", damit Premnitz wieder produzieren konnte - übrigens im Austausch gegen CS_2, den Wolfen nicht hatte. Das gelang auch, und im September produzierte Premnitz wieder Kunstseide. Sie haben zum mindesten Anteil daran, daß die Dinge so verliefen, und wir die Hände von der Arzneimittelsynthese ließen. Immerhin hatte ich aber die Genugtuung, mit dem selbst synthetisierten Sulfathiazol eine Lungenentzündung bei mir und dann bei anderen auszukurieren, dazu reichte die Menge gerade noch. Damit war übrigens meine wieder aufkeimende heimliche Sehnsucht, vielleicht mit Ihrer Hilfe zur „anständigen" organischen Chemie zurückzufinden, wie ich sie bei DIELS und ALDER gelernt hatte, endgültig beendet; ich blieb dann doch bei den faserbildenden Makromolekülen. Ich habe das nicht bereut und ich bin Ihnen deswegen niemals böse gewesen.

Lieber Herr RIECHE, einer Ihrer erfolgreichen Mitarbeiter, unser KM SCHMITZ, hat mir dankenswerterweise eine Zuarbeit für diese Laudatio geschickt und darin steht ein so schöner und charakteristischer Absatz, daß ich ihn hier wiedergeben möchte. „Ihre Fähigkeit, an vielen Dingen gleichzeitig zu arbeiten und doch alles mit Initiative voran zu bringen, setzt in Erstaunen. Neben den genannten Arbeiten haben Sie ja noch Lehrtätigkeit ausgeübt - Sie waren Privatdozent, später Professor an der Leipziger Universität, dann in Halle und Jena - und Sie haben Probleme, die zunächst als durchaus akademisch anzusprechen waren, aufgegriffen und bearbeitet. Hier kam Ihnen Ihre ausgesprochene Begabung als wissenschaftlicher Leiter zugute; Sie brachten in Ihrer Umgebung andere zu Leistungen, verstanden es, das Optimum zwischen Zieltreue und Eingehen auf das Unerwartete zu finden, und Sie brachten es vor allem fertig, daß in den von Ihnen geleiteten Kollektiven gern gearbeitet wurde. Initiative der Mitarbeiter wurde gefordert und gefördert und mit großer Geduld in die gewünschte Richtung gelenkt". Soweit Ihr Schüler, Herr SCHMITZ; er muß es ja wissen, und ich kann es bestätigen; denn nach Gründung des von Ihnen aufgebauten Institutes für Organische Chemie der AdW 1954/55 in Adlershof, kreuzten sich wenige Jahre später unsere Lebenswege wirklich, als Sie auf meine ausdrückliche Bitte 1964 die Leitung des Fachbereiches organische und biologische Chemie der Forschungsgemeinschaft übernahmen, obwohl Sie, wie ich weiß, lieber abgelehnt hätten. Sie übernahmen dieses Amt, weil Sie es einfach für Ihre Pflicht hielten, zu helfen und beizutragen, damit wir die wissenschaftsorganisatorischen Aufgaben lösen konnten, welche damals vor dem organisch-chemischen und biologischen Sektor der Forschungsgemeinschaft standen. Uns haben Ihre Erfahrungen als ein in Forschung und Industrie erfahrener Chemiker während dieser Periode gute Dienste geleistet, und ich möchte Ihnen heute wieder dafür herzlich danken. Das alles liegt nun fast 20 Jahre zurück und vieles, was damals von uns angepackt wurde, ist heute versunken; trotzdem bin ich davon überzeugt, wenn einmal diese Periode der Akademiegeschichte geschrieben wird, dann wird sicher sozusagen wieder aufgefrischt und entdeckt, was damals geleistet wurde. Sie haben in diesen Jahren auch ihre Erfahrungen und Gedanken über wissenschaftlich arbeitende Kollektive zu Papier gebracht, und ich darf Sie hier noch einmal abschließend zitieren, denn das, was Sie schrieben, ist heute so akut und richtig wie Mitte der 60er Jahre: „Wir haben frühzeitig versucht, jedem Mitarbeiter einen klaren Verantwortungsbereich zu geben. Jeder wußte, daß er an einer großen gemeinsamen Aufgabe mitwirkt und unentbehrlich ist. Dazu gehört aber auch gegenseitige Hilfsbereitschaft und ständiger, absolut offener Gedankenaustausch, die Fähigkeit, sich über die Erfolge der anderen zu freuen in dem Gefühl, daß diese allen nutzen. Persönlicher falscher Ehrgeiz, Eigenbrötelei und Eifersucht dürfen nicht aufkommen. Die meisten Fehlhandlungen bei Menschen entstehen aus Minderwertigkeitsgefühl, Geltungsbedürfnis und Eitelkeit. Jeder Mitarbeiter muß das Recht haben zur Kritik untereinander und auch an Vorgesetzten, allerdings zu offener, nicht zu heimlich nörgelnder. Er muß wissen, daß er auf das Wohl des ganzen selbst einwirken kann und seine Vorschläge nicht einfach unbeachtet bleiben, wenn sie vernünftig sind". Der Direktor des Instituts für Geschichte der Naturwissenschaft und Technik der AdW der UdSSR und ihr KM S. R. MIKULINSKIJ hat Analoges 1979 ausgesprochen und geschrieben, als er die Kultur der wissenschaftlichen Diskussion behandelte. Falls einer Zweifel daran hatte: Ich wollte damit nur die Aktualität Ihrer Ausführungen belegen. Ich habe das, was Sie damals sagten, immer für die Grundsätze einer vernünftigen und am Ende auch erfolgreichen Leitungstätigkeit gehalten und wer dagegen verstößt, wird es sehr schwer haben, Autorität aus Achtung unter seinen Mitarbeitern zu gewinnen.

Sicherlich, lieber Herr RIECHE, habe ich vieles fortgelassen oder unterschlagen, was ich hätte sagen sollen, z.B. daß Sie von 1946 bis 1951 in Rubeshnaja in der UdSSR zusammen mit anderen Experten tätig waren und ihre Erfahrungen und ihr Wissen für den Aufbau der durch Krieg und Zerstörung schwer geschädigten Industrie der SU zur Verfügung stellten. Ich hätte vielleicht auch Ihre zahlreichen nationalen und internationalen Ehrungen als Anerkennung Ihrer erfolgreichen Tätigkeit erwähnen sollen, Ihre Ehrendoktorwürden, Ihre Mitgliedschaften in Akademien - außer in unserer Akademie, die Sie 1959 als Ordentliches Mitglied zuwählte - und nicht zuletzt ihre Auszeichnung mit dem Nationalpreis und andere Ehrungen, - ich tue das nicht, weil ich sonst kein Ende fände, und ich bin ja nicht der einzige, der heute spricht, sondern einer unter anderen.

Lassen Sie mich mit einem Wort von ROBESPIERRE schließen, das hier, wie ich meine, paßt und bedenkenswert ist: „Alle Menschen sind gleich - nur einige leisten mehr!" Wir alle wünschen Ihnen und Ihrer Familie noch viele glückliche Jahre in dem Sinne, wie die Römer es meinten: otium cum dignitate!

Literatur

[1] J. v. LIEBIG, Über das Stadium der Naturwissenschaften. In: Reden und Abhandlungen Leipzig und Heidelberg 1874.

[2] Sitzungsber. der AdW, Mathem.-Naturwiss.-Technik, Berlin 1979, Nr. 14/N, S. 32ff.

[3] H. BODE, Die Entwicklung des Chemiefaserbereiches der Filmfabrik Wolfen von den Anfängen bis 1935, Archiv VEB Filmfabrik Wolfen, BABA 304, (1982).

[4] Archiv Filmfabrik, Agfa-Jahresbericht 1926, S. 196.

[5] Archiv Filmfabrik, Agfa-Jahresbericht 1928, S. 85.

[6] A. RIECHE, Grundriß der techn. organ. Chemie A. Hirzel Verlag Leipzig 1961, S. 289.

[7] J. HURWIC, Wissenschaftliche Welt.

Egon Uhlig

Zur Tätigkeit von Alfred Rieche als Hochschullehrer in Jena

Wenn ich einige Worte an Sie, verehrter Herr Rieche richten darf, dann will ich nicht die neuen Wege nachzeichnen, die Sie der Chemie als einem Gebäude von Theorien, Reaktionen und Verfahren gewiesen haben. Das ist hier und heute aus berufenem Munde geschehen. Ich möchte vielmehr einige Streiflichter auf Ihr Wirken als akademischer Lehrer werfen, speziell auf Ihr Wirken an der Alma mater Jenensis. Es war im Jahre 1952, als der Ruf auf den Lehrstuhl für Technische Chemie an Sie erging, sicher initiiert durch Franz Hein, dem Sie über ein ganzes Wissenschaftlerleben hin freundschaftlich verbunden waren. 1952, das war das Jahr, in dem die Zahl der in Jena immatrikulierten Chemiestudenten 250 betrug. Wir können diese Zahl zwar heute zur Kenntnis nehmen, eine rechte Vorstellung davon fehlt uns.

Sie kamen als ein Wissenschaftler, der durch seine Arbeiten über die organischen Peroxide hohes Ansehen unter den Fachkollegen erworben, der aber auch im Rahmen seiner langjährigen Tätigkeit als wissenschaftlicher Leiter des Laboratoriums der Zwischenproduktenabteilung der Farbenfabrik Wolfen der chemischen Verfahrenstechnik neue Impulse gegeben hatte und der schließlich durch seine Tätigkeit in einem wissenschaftlichen Industrielaboratorium der Sowjetunion große öffentliche Wertschätzung genoß. Hatten Sie es da eigentlich nötig, so mag man sich heute fragen, diesen Ruf anzunehmen? Zumal ja dieser Lehrstuhl nur in den Büchern existierte und weder über Mitarbeiter noch Räume verfügte.

Trotzdem nahmen Sie diesen Ruf an und kamen den damit verbundenen Ausbildungsverpflichtungen mit Ernst und Akribie nach. Sie verstanden es auch, eine mit der Meßlatte des Akademiebereiches gemessen kleine, für eine Hochschule jedoch beachtliche Forschungsgruppe aufzubauen. Ich glaube, hier handelten Sie ganz im Sinne dessen, was man oft etwas leichthin die Verantwortung des Wissenschaftlers nennt. Sie sehen diese Verantwortung darin, beizutragen zur Entwicklung Ihres Wissenschaftsgebietes, der organischen Chemie und zur Umsetzung ihrer Ergebnisse in Produkte und Verfahren. Aber Sie sahen nicht nur diese eine Seite. Sie stellten sich auch die Aufgabe, junge Menschen, die damals in so großer Zahl in die Hörsäle und Laboratorien der Universitäten strömten, auf die Verpflichtungen vorzubereiten, die ihrer in der Technik harrten. Sie nahmen dabei so manche Unbequemlichkeiten auf sich. Die Jenaer Chemiestudenten der fünfziger und sechziger Jahre wissen von dem einfachen Feldbett zu berichten, das im Dienstzimmer des Ordinarius für Technische Chemie stand, nicht aus nostalgischen Gründen. Der Ordinarius ALFRED RIECHE übernachtete dort, wenn ihn seine Dienstgeschäfte in 14-tägigem Rhythmus nach Jena führten, und das für den Zeitraum von 15 Jahren, nämlich von 1952 bis 1967.

Was konnten Sie den Studenten nicht alles geben aus Ihrem Schatz von Erfahrungen und Präparaten, der aus produktiven Beziehungen zu allen großen Chemiebetrieben unseres Landes gespeist wurde. Ein Teil des Schatzes war der große Präparateschrank mit Demonstrationsobjekten für die Vorlesung, und ein Spiegelbild war das Lehrbuch „Grundriß der technischen organischen Chemie", das, so glaube ich sagen zu können, das Technikverständnis einer Generation von Chemikern, nicht nur der Friedrich-Schiller-Universität, geprägt hat. Gerühmt wurden von den Studenten auch die von Ihnen so vorzüglich organisierten Exkursionen. Und wenn ich die produktiven Beziehungen zu den großen Chemiebetrieben noch einmal konkret ansprechen darf, so fanden sie in den Arbeiten Ihrer Jenaer Mitarbeiter H. SEYFARTH, E. NAUMANN, W. FISCHER und D. BROX zu Problemen der Autoxydation von Fettsäuren, der selektiven Chlorierung und Sulfochlorierung ihren Niederschlag.

Die Verpflichtung gegenüber den Studenten ließen Sie auch über einige Mißverständnisse hinwegsehen, die es gegeben hat, wer wollte es verschweigen. Der Abstand in Zeit und Raum rundet die scharfen Konturen aus und erhellt die Schatten.

Ich habe heute einen Auftrag von Rektor, Wissenschaftlichem Rat und Mathematisch-naturwissenschaftlich-technischer Fakultät der Friedrich-Schiller-Universität und von der Sektion Chemie, und ich verbinde damit ein ganz persönliches Anliegen, wenn ich Ihnen Dank sage; einen Dank, den ich in einem schlichten Satz zusammenfasse: ALFRED RIECHE hat sich um die Alma mater Jenensis verdient gemacht. Ich darf Ihnen und Ihrer Familie für Ihr ferneres Leben Gesundheit und persönliches Wohlergehen wünschen. Möge Ihnen auch fernhin das Interesse für die Chemie erhalten bleiben, der Sie ein Leben lang gedient haben.

Ernst Schmitz

Aminierungsreaktionen mit peroxid-analogen Substanzen [1]

Der 80. Geburtstag von Akademiemitglied Alfred Rieche am 28. April dieses Jahres gibt Gelegenheit, einige zusammenfassende Ausführungen über ein Arbeitsgebiet zu machen, dessen Anfänge viele Jahre zurückreichen, das aber zunächst durchaus nicht in der Breite abgesteckt wurde, die es während der Bearbeitung annahm. In der chemischen Grundlagenforschung liegt eine Arbeitskonzeption nicht fertig vor, wenn mit der Bearbeitung begonnen wird. Gerade, weil während der Bearbeitung durch Beobachtungen, durch Deutungsversuche, durch zunehmende Kenntnisse und durch Anregungen von außen Änderungen der Arbeitshypothesen vorgenommen werden, bleibt ein Gebiet lange aktuell.

Selbstverständlich kann man klar umrissene Aufgabenstellungen abarbeiten. Wollte man beispielsweise errechnen, wieviele Minuten vom Beginn der Zeitrechnung bis zum 28. April 1902, 10.40 Uhr, vergangen waren, dann ist das nur eine Frage des rechnerischen Aufwandes (Abb. 1):

1. 1. 0001–1. 1. 1902:	$1901 \times 365 \times 1440 =$	999165600 Min.
29. Februar der Schaltjahre:	$+\ 1900/4 \times 1440 =$	684000 Min.
1. 1.–28. 4. 1902:	$+\ 117 \times 1440 =$	168480 Min.
0.00 Uhr–10.40 Uhr:	$+$	640 Min.
Übergang vom Julianischen auf den Gregorianischen Kalender:	$-\ 10 \times 1440 =$	−14400 Min.
Fehlende Schaltjahre 1700, 1800, 1900	$-\ 3 \times 1440 =$	−4320 Min.
		1000000000 Min.

Abb. 1

Das Ergebnis ist beeindruckend und unterstreicht zusätzlich die Bedeutung des Tages.

In der Chemie gibt es keine Gedankenblitze, die innerhalb von Minuten zu eindrucksvollen Ergebnissen führen, sondern monate- und jahrelange Bemühungen um Ergebnisse.

In Anknüpfung an das traditionelle Arbeitsgebiet von ALFRED RIECHE, die organischen Peroxide, suchten wir in den siebziger Jahren nach Substanzen, die ähnliche chemische Eigenschaften haben wie Peroxide, aber keine O—O-Bindung enthalten. Ansätze dazu fanden wir bei stark oxydierenden Gruppierungen wie der N—Cl-Bindung, also bei Chloraminen, der N—S-Bindung, also bei den Sulfenamiden und abgeschwächt bei der N-O- und der N—N-Bindung.

—O—O—   —N—Cl   —N—S—   —N—O—   —N—N—

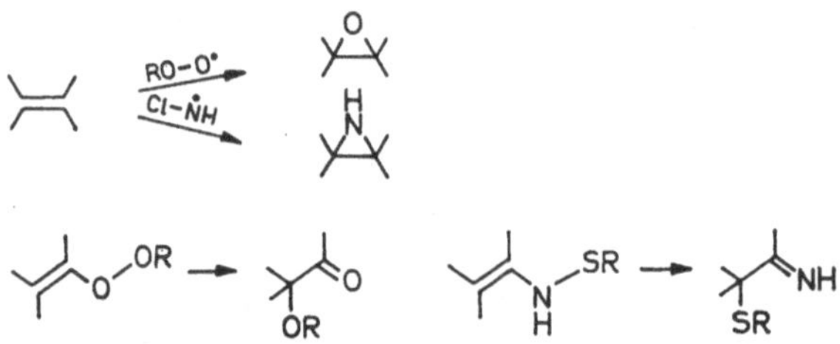

(1)

Beispielsweise war bekannt, daß man mit Peroxyradikalen einige Olefine epoxydieren kann. Wir fanden, daß chlortragende Stickstoffradikale in völliger Analogie dazu eine NH-Gruppe auf Olefine übertragen. Auch im Mechanismus stimmen beide Reaktionen überein. In einer Radikalkettenreaktion wird im Falle des Peroxids ein Epoxid gebildet, im Falle des N-Halogenamins ein Aziridin (1). So haben wir aus substituierten Styrenen und N-halogenierten Aminen in guten Ausbeuten die entsprechenden Aziridine herstellen können [2].

Eine Analogie zwischen Peroxiden und Sulfenamiden fanden wir, als wir versuchten, einerseits ungesättigte Peroxide herzustellen, andererseits Enamine eines Sulfenamids (1). Beide Versuche scheiterten, und in beiden Fällen wurde anstelle der gewünschten ungesättigten Verbindung ein Umlagerungsprodukt erhalten, im Falle des Peroxids eine Alkoxycarbonylverbindung, im Falle der Schwefel-Stickstoff-Verbindung ein durch Schwefel substituiertes Amin. In beiden Fällen war eine 1,3-Wanderung abgelaufen [3].

Weit weniger deutlich ist die Peroxidähnlichkeit von Verbindungen, die eine N—O- oder N—N-Bindung enthalten. Immerhin wird Hydroxylamin durch zweiwertiges Eisen zu einem Radikal reduziert (2), wie wir es auch von den Peroxiden kennen. Die O-Sulfonsäure des Hydroxylamins reagiert mit Phosphinen analog einem Peroxid: In einem Fall entsteht eine P—N-Bindung, im anderen Falle eine P—O-Bindung [4].

$$RO{-}OR \xrightarrow{Fe^{++}} RO^{\cdot} \qquad H_2N{-}OH \xrightarrow{Fe^{++}} H_2N^{\cdot}$$

$$R_3P \quad \overset{H}{\diagdown} O{-}O \underset{R}{\diagdown} \rightarrow R_3PO$$

$$R_3P \quad H_2N{-}O \underset{SO_3H}{\diagdown} \rightarrow R_3PNH$$

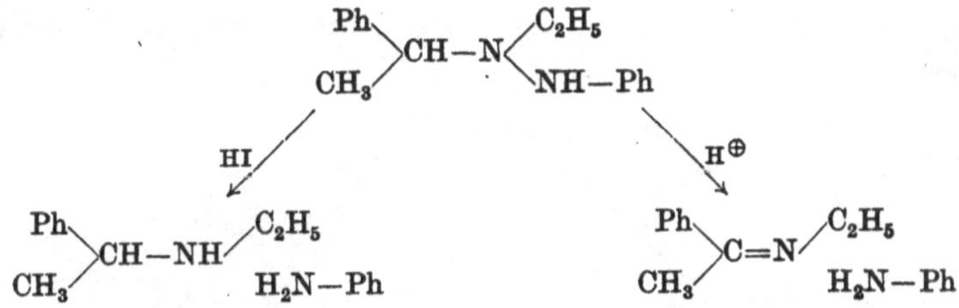

(2)

Sogar bei einigen Hydrazinen findet man peroxid-analoge Umsetzungen. Beispielsweise gibt das in (2) dargestellte trisubstituierte Hydrazin in saurer Iodidlösung Iodausscheidung, eine von den Peroxiden gutbekannte Reaktion. Die dabei gebildeten Produkte einer N—N-Spaltung entsprechen den bei der Reaktion von Peroxiden mit Iodid gewonnenen. Auch die Säurespaltung der Peroxide, die unter O—O-Spaltung verläuft, wird von dem dargestellten Hydrazin kopiert: Es erleidet bereits in zweinormaler Salzsäure N—N-Spaltung die mit einer C—H-Spaltung am benachbarten C-Atom gekoppelt ist [5].

Die hier schwach angedeutete Analogie von Peroxidgruppe einerseits und Hydroxylamin- bzw. Hydrazingruppe andererseits wird fast perfekt, wenn man die stickstoffhaltige Gruppe in einen gespannten Ring zwingt (3). Was diese Bindung an Brisanz selbst nicht besitzt, bekommt sie durch die Spannungsenergie des kleinen Ringes. So findet man insbesondere bei den Oxaziridinen mit unsubstituiertem N-Atom viele Analogien mit Peroxiden.

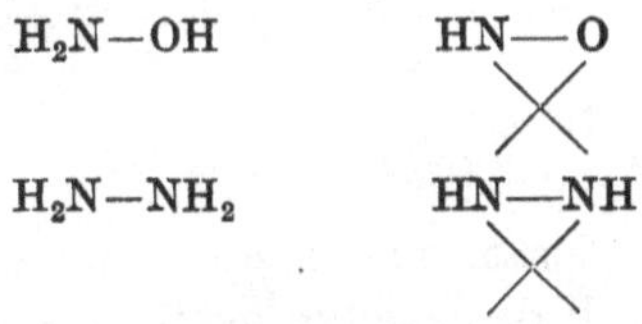

(3)

Beispielsweise überträgt 3,3-Pentamethylen-oxaziridin glatt seine NH-Gruppe auf Olefine (4) und überführt sie in oft präparativ brauchbaren Ausbeuten in Aziridine [6]. Diese Reaktion ist weitgehend analog zu der Epoxydierung von Olefinen.

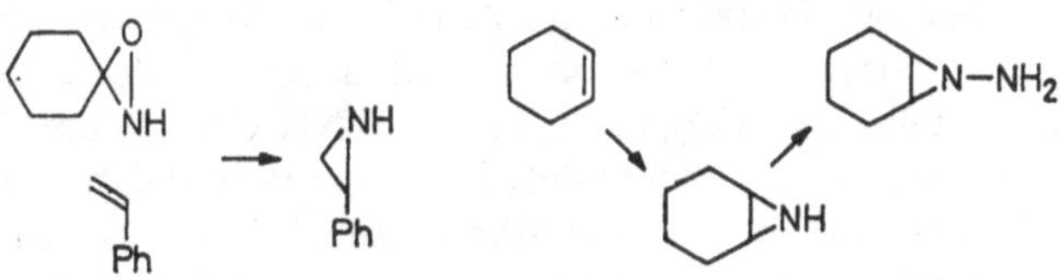

(4)

Im Falle des Cyclohexens erfolgt Doppelaminierung. Das durch Aminierung gebildete Aziridin wird durch das Oxaziridin noch einmal aminiert und ergibt ein N-Amino-aziridin. Hier bricht offensichtlich die Tendenz des Oxaziridins durch, mit ganz besonderer Leichtigkeit Stickstoffverbindungen zu aminieren. Sehr glatt werden aliphatische Amine aminiert. Morpholin läßt sich in 93-prozentiger Ausbeute zum N-Aminomorpholin aminieren (5). Primäre Amine geben, wenn auch nicht ganz so glatt, Alkylhydrazine. Ammoniak bildet Hydrazin.

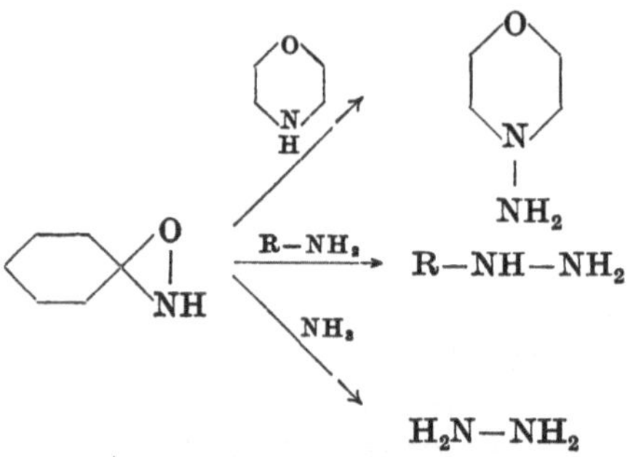

(5)

Die letzte Umsetzung wirkt etwas unscheinbar, ist aber inzwischen von technischer Bedeutung. Seit einigen Jahren wird eine Großproduktion von Hydrazin nach einem sogenannten „Modifizierten Raschig-Prozeß“ durchgeführt. Während bei der klassischen Raschig-Synthese (6) Ammoniak mit Hypochlorit in Chloramin überführt und dieses bei erhöhter Temperatur mit überschüssigem Ammoniak umgesetzt wird, besitzt der neue Prozeß eine entschei-

$$NH_3 + NaOCl \rightarrow NH_2Cl + NaOH$$
$$NH_3 + NH_2Cl \rightarrow H_2N{-}NH_2$$

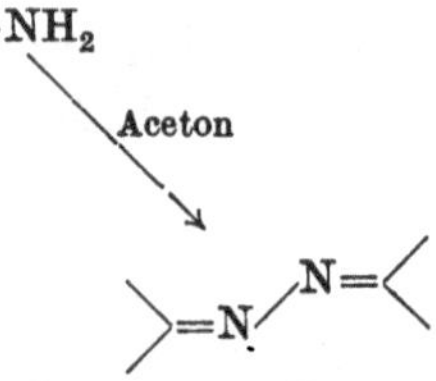

(6)

dende Verbesserung: Man arbeitet unter Zusatz von Aceton und geht über Acetonazin. Nach Meinung der Erfinder soll das Aceton gebildetes Hydrazin abfangen und vor Weiterreaktion schützen. Auffällig ist aber, daß die Hydrazinbildung in Gegenwart von Aceton etwa 1000-mal schneller als in dessen Abwesenheit abläuft. Das Aceton wartet also nicht, bis das Hydrazin gebildet ist, um es dann abzufangen, sondern es beteiligt sich an der Hydrazinbildung. Wir vermuteten, daß ein Oxaziridin als Zwischenstufe auftritt und fanden diese Vermutung bestätigt: Aus Aceton und Chloramin bildet sich ein Oxaziridin, das in einer schnellen Folgereaktion seine NH-Gruppe auf Ammoniak überträgt (7) und dadurch Hydrazin bildet. Das Oxaziridin ließ sich nachweisen und sogar extrahieren und in Derivate überführen [7]. Die Geschwindigkeit seiner Bildung und Weiterreaktion waren uns aus früheren Untersuchungen in großen Zügen bekannt und sind ausreichend, um die sehr schnelle Hydrazinbildung des neuen Prozesses zu erklären. Oxaziridine, vor wenigen Jahren noch eine chemische Kuriosität, laufen heute also schon im 10000-Tonnenmaßstab durch industrielle Apparaturen.

Uns interessierte die Anwendung der Aminierungsreaktion auf spezielle Amine, vor allem auf Aminosäurederivate und auf Alkaloide. Die Aminierung

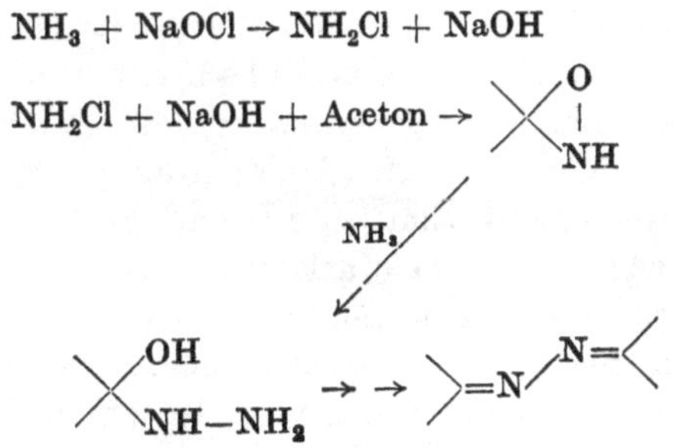

(7)

von Aminosäureestern mit Oxaziridin geht zwar etwas langsamer als die der einfachen Amine, sie verläuft aber mit brauchbaren Ausbeuten (8). Die Methylester des Phenylalanins und des Valins hat Dr. Andreae in die Hydrazinoverbindungen umwandeln können [8]. Hydrazinosäuren sind in der Biochemie von einigem Interesse.

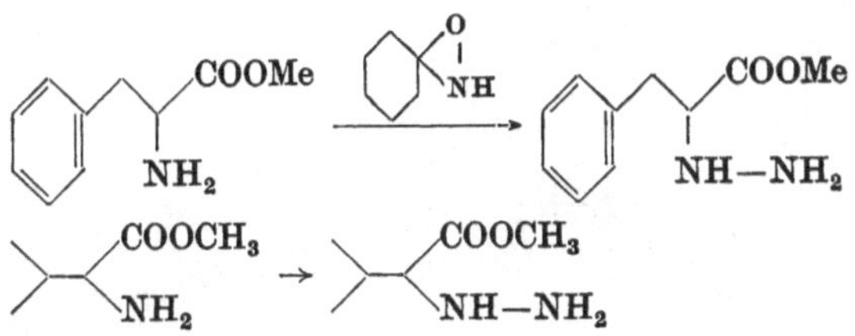

(8)

Wir haben dann zusammen mit ungarischen Kollegen einige Versuche an Alkaloiden gemacht, die als typische Amine ebenfalls N-aminiert werden sollten. Tatsächlich ergab schon der erste Versuch glatte Reaktion. Ephedrin wurde schon bei Raumtemperatur zum entsprechenden Hydrazin aminiert (9); die Ausbeute betrug ca. 70%.

Um so überraschender war es, daß Tetrahydro-papaverin, ebenfalls ein sekundäres Amin, bei 20° nicht mit unserem Oxaziridin reagierte. Es ließ

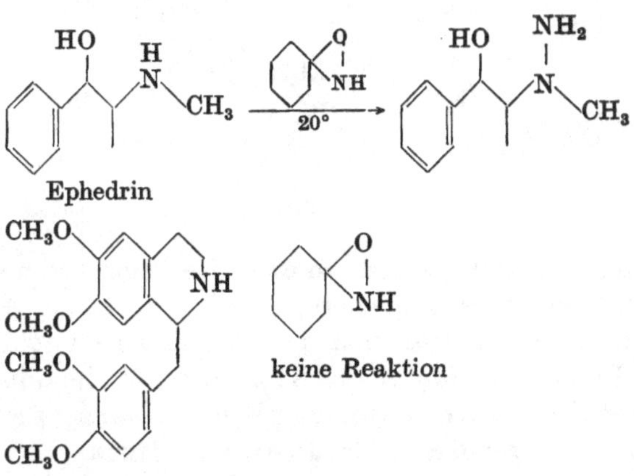

(9)

das Reagenz unangegriffen. Bei der Annahme, daß die aromatischen Ringe die Reaktionsbereitschaft herabsetzen, muß das Ephedrin ein strukturelles Merkmal besitzen, das ihm eine schnelle Reaktion ermöglicht. Das könnte die Hydroxylgruppe sein. Zeichnet man (10) die Aminierung eines einfachen Amins als typische bimolekulare Substitution, so erkennt man, daß die Reaktion eine positive und eine negative Elementarladung erzeugt, was immer zusätzliche Energie kostet. Man müßte einen „Maxwellschen Dämon" haben, der während der Reaktion vom Stickstoff ein Proton wegnimmt und es am Sauerstoff anbringt. Diesen Maxwellschen Dämon haben wir in Form der Hydroxylgruppe. Man erkennt in der unteren Darstellung von (10), daß alle Bindungsumgruppierungen bei Beteiligung der Hydroxylgruppe in einem quasi-Sechsring ablaufen können, und daß überhaupt keine Ladungen auftreten.

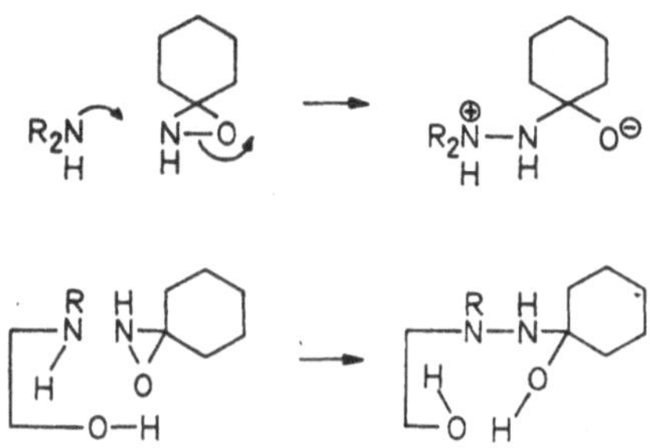

(10)

Das Experimentum Crucis für diese Arbeitshypothese wäre eine Hydroxylgruppe im bisher unreaktiven Tetrahydro-papaverin und ihr Einfluß auf die Aminierung. Dieser Versuch gelang überzeugend. Das in (11) dargestellte Hydroxytetrahydro-papaverin wurde mit dem Oxaziridin bei Raumtemperatur umgesetzt und reagierte innerhalb von Minuten unter N-Aminierung.

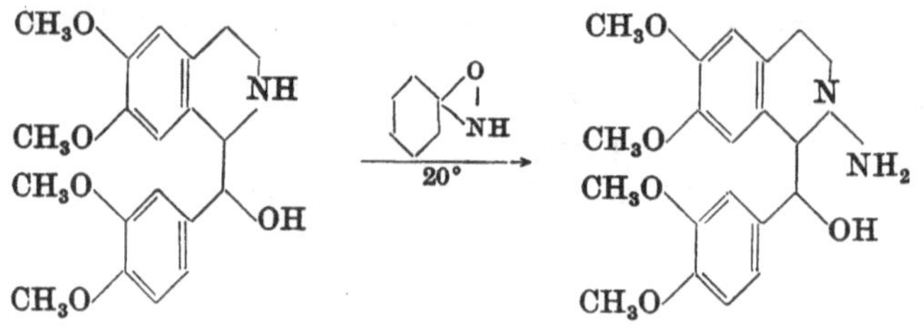

(11)

Weitere Untersuchungen müssen zeigen, ob diese Reaktionsbeschleunigung durch eine Hydroxylgruppe verallgemeinerungsfähig ist. Erste Anzeichen deuten auf eine Beschleunigung der Reaktion von Aminen mit Peroxiden durch eine Hydroxylgruppe. Damit schließt sich der Kreis zu der Verbindungsklasse, von der die hier vorgestellten Umsetzungen ausgegangen waren, zu den Peroxiden und dem Altmeister ihrer Bearbeitung: ALFRED RIECHE.

Literatur

[1] Nach einem Vortrag auf dem Festkolloquium zum 80. Geburtstag von Prof. Dr. Drs. h. c. ALFRED RIECHE.

[2] E. SCHMITZ, U. BICKER, S. SCHRAMM und K.-P. DIETZ, J. prakt. Chem. **320**, 413 (1978).

[3] E. SCHMITZ und H. STRIEGLER, J. prakt. Chem. **312**, 359 (1970);
E. SCHMITZ und O. BREDE, J. prakt. Chem. **312**, 43 (1970).

[4] R. APPEL, W. BÜCHNER und E. GUTH, Liebigs Ann. Chem. **618**, 53 (1958);
L. HORNER und W. JURGELEIT, Liebigs Ann. Chem. **591**, 138 (1955).

[5] E. SCHMITZ, H. FECHNER-SIMON und S. SCHRAMM, Liebigs Ann. Chem. **725**, 1 (1969).

[6] E. SCHMITZ und K. JÄHNISCH, Chim. Get. Soedin. **1974**, 1629.

[7] E. SCHMITZ, Mitt. bl. Chem. Ges. DDR **28**, 121 (1981).

[8] E. SCHMITZ und S. ANDREAE, unveröffentlicht.

Jürgen Dahlmann

Rolle der Peroxide in der Olefinoxydation

Es ist mir eine besondere Freude, Ihnen hier anläßlich dieses Festkolloquiums über einige neuere Ergebnisse auf dem Gebiet der chemischen Stoffwandlung von und mit Hilfe von Peroxiden berichten zu können, zumal ja die Chemie der organischen Peroxide das Gebiet ist, dem Sie sich, Herr Rieche, von Beginn Ihrer wissenschaftlichen Laufbahn an immer mit ganz besonderem Interesse und Erfolg gewidmet haben.

Als einer der Pioniere auf diesem Gebiet haben Sie entscheidend dazu beigetragen, das Wissen über die Bildung von Peroxiden bei Autoxydationsreaktionen, die Synthese und das reaktive Verhalten derartiger Verbindungen grundlegend zu erweitern.

Während organische Peroxide anfänglich von manchen Chemikern als mehr oder weniger exotische Verbindungen betrachtet wurden, um die man wegen ihrer z.T. erheblichen Explosivität besser einen großen Bogen macht, führte die eingehende Beschäftigung mit dieser Verbindungsklasse relativ schnell zu Erkenntnissen, wie Peroxide auch zur gezielten chemischen Stoffwandlung erfolgreich genutzt werden können.

Aus dem heute umfangreichen Gebiet der Peroxidchemie möchte ich über einige neuere Ergebnisse bezüglich der Reaktion von Peroxiden mit Olefinen sowie daraus resultierende Möglichkeiten zur Erhöhung der Selektivität der Olefinoxydation mit molekularem Sauerstoff berichten. Dieses Problem besitzt sowohl aus wissenschaftlicher als auch aus volkswirtschaftlicher Sicht nach wie vor erhebliches Interesse. Bekanntlich entstehen bei der Autoxydation von Olefinen mit Sauerstoff eine Vielzahl von Oxydationsprodukten. Für die Gewinnung von Epoxiden gab es daher bis vor wenigen Jahren praktisch nur zwei geeignete Methoden, das Chlorhydrinverfahren und die verschiedenen Varianten der Prilechajew-Reaktion, d.h. der Epoxydation mit einer Persäure.

Ein beachtlicher Durchbruch wurde vor etwa mehr als 10 Jahren mit der Entwicklung einer katalytischen Olefinepoxydation mit organischen Hydroperoxiden erreicht [1]. Die dafür benötigten Hydroperoxide können aus geeigneten Kohlenwasserstoffen durch Oxydation mit Sauerstoff gewonnen werden.

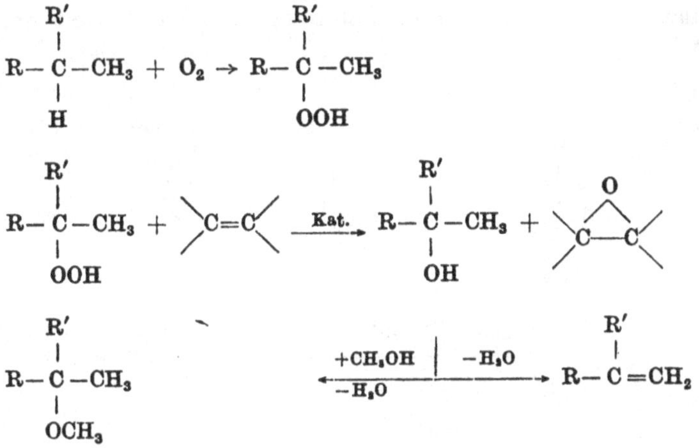

(1)

Die Umsetzung des Olefins mit dem Hydroperoxid liefert neben dem Epoxid immer eine wenigstens äquivalente Menge des dem Hydroperoxid entsprechenden Alkohols.

Die Reaktion besitzt eine relativ große Anwendungsbreite und verläuft in vielen Fällen mit hoher Selektivität; als Katalysatoren sind in erster Linie Molybdänverbindungen geeignet. Technisch realisiert wurde auf dieser Basis von der Firma „Halcon“ ein Verfahren zur Herstellung von Propylenoxid in 2 unterschiedlichen Varianten. Bei der einen Variante wird Isobutan mit Sauerstoff zu tert.-Butylhydroperoxid oxydiert und mit diesem die Epoxydation des Propens durchgeführt, bei der anderen geht man von Ethylbenzen aus und führt die Epoxydation mit Ethylbenzenhydroperoxid durch. Bereits ca. 30% der Weltproduktionskapazität für Propylenoxid, das sind ca. 1 Mill. t/Jahr, werden heute durch dieses Verfahren abgedeckt. Der als Koppelprodukt in äquivalenter Menge anfallende entsprechende Alkohol läßt sich zu wertvollen und technisch interessanten Produkten wie Olefinen oder Ethern weiterverarbeiten. Trotzdem belastet diese Kopplung natürlich in gewisser Weise das Verfahren, da immer die wenigstens äquivalente Menge des entsprechenden Kohlenwasserstoffs zur Verfügung stehen und auch der Absatz des Koppelproduktes in der äquivalenten Menge gesichert sein muß.

Bezüglich des Mechanismus dieser Reaktion gibt es noch unterschiedliche Vorstellungen. Im Ergebnis von Untersuchungen zum Reaktionsmechanismus wird von einer Reihe von Autoren angenommen, daß die Molybdänverbindungen lediglich die organischen Hydroperoxide durch Komplexbildung so aktivieren, daß sie ähnlich wie Persäuren in einer elektrophilen Reaktion olefinische Doppelbindungen epoxydieren können [2].

Mit dieser Annahme lassen sich aber nicht alle Erscheinungen befriedigend erklären. Ganz offensichtlich spielt bei dieser Reaktion auch eine unmittelbare Wechselwirkung zwischen Katalysator und Olefin eine entscheidende Rolle. Als

Intermediate werden dabei Olefinkomplexe von Molybdänperoxyverbindungen vermutet.

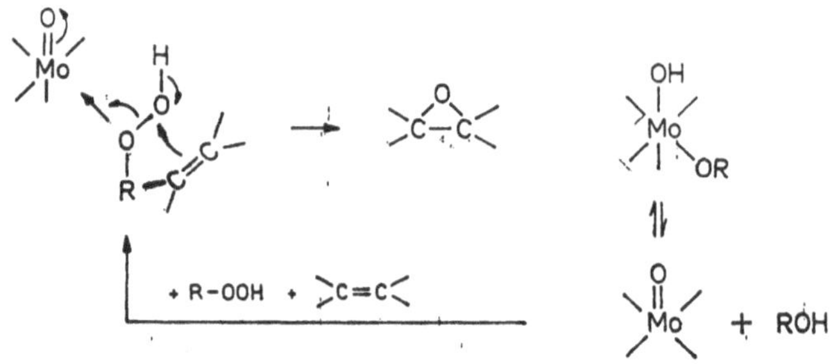

(2)

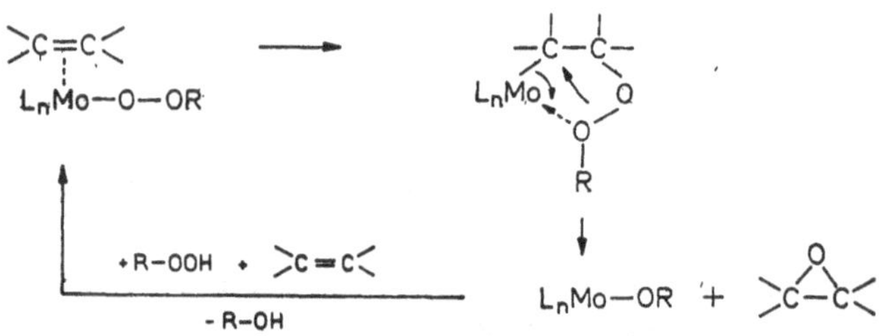

(3)

Diese sollen sich dann über einen intermediären Einschub der C—C-Doppelbindung in die Metall-Sauerstoff-Bindung und Ausbildung derartiger cyclischer peroxidischer Zwischenprodukte schließlich in Epoxid und Metallalkoxyverbindung umwandeln. Letztere würde dann wieder durch Reaktion mit Hydroperoxid und Olefin den katalytischen Kreislauf schließen. Die Annahme eines Olefinkomplexes als Intermediat ist in diesem Falle sicher etwas ungewöhnlich, da das Molybdän hier mit ziemlicher Sicherheit in seiner höchsten Oxydationsstufe, d. h. +6 vorliegt. Trotzdem haben verschiedene Autoren u.a. aus kinetischen Untersuchungen den Schluß gezogen, daß eine unmittelbare Wechselwirkung zwischen Olefin und Molybdän vorliegen muß und auch die völlig unterschiedliche Wirkung von Molybdänverbindungen auf die Hydroperoxidumwandlung in Abwesenheit und in Gegenwart von Olefinen - ich komme darauf etwas später nochmals zurück - läßt sich am besten damit erklären, daß durch eine Wechselwirkung des Molybdäns mit dem Olefin seine Wirkung auf organische Hydroperoxide völlig verändert wird.

Ob das Hydroperoxid - wie oben formuliert - nur über eine koordinative Bindung an das Molybdän fixiert wird oder ob sich mittels einer Substitutionsreaktion Alkylperoxymolybdän-Spezies zwischenzeitlich ausbilden, kann bisher auch nicht mit Sicherheit gesagt werden. Aber bereits aus Untersuchungen, die von Rieche und Mitarbeitern Ende der 50iger, Anfang der 60iger Jahre - damals allerdings in erster Linie an Metallen der 4. und 5. Hauptgruppe – durchgeführt wurden, ist bekannt, daß Substitutionsreaktionen an Metallverbindungen mit Hydroperoxiden unter Ausbildung entsprechender metallorganischer Peroxide außerordentlich schnell und glatt verlaufen können [2].

Daß Alkylperoxymetall-Derivate tatsächlich als Zwischenstufe bei der selektiven Oxydation von Olefinen mit Hydroperoxiden auftreten können, zeigten außerdem MIMOUN und Mitarbeiter [3] anhand der Umsetzung von α-Olefinen mit tert.-Butylhydroperoxid in Gegenwart von Palladiumcarboxylaten, die mit hoher Selektivität zu den entsprechenden Methylketonen führt.

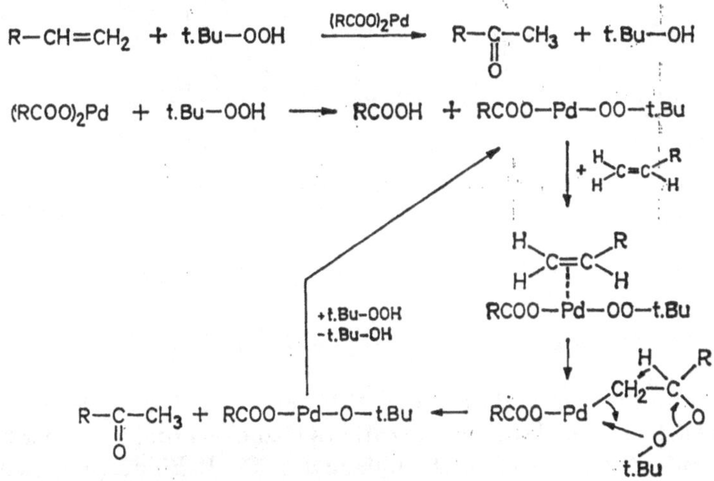

(4)

Sie konnten durch Umsetzung von Palladiumacetaten mit tert.-Butylhydroperoxid entsprechende tert.-Butylperoxy-palladiumacetate herstellen und in Substanz isolieren. Ihre Umsetzung mit α-Olefinen führt ebenfalls zur Bildung der Methylketone.

Bei dieser palladiumkatalysierten Olefinoxydation mit Hydroperoxid wird also offensichtlich der oben angegebene Reaktionszyklus durchlaufen.

Sowohl die von Molybdän- oder Vanadiumverbindungen katalysierten Olefinepoxydationen als auch die palladiumkatalysierten Olefinoxydationen mit organischen Hydroperoxiden zu Methylalkylketonen verlaufen nach einem polaren Mechanismus. Im Gegensatz zu diesen metallkatalysierten Olefinoxydationen mit Hydroperoxiden läßt sich eine Direktoxydation von Olefinen mit molekularem Sauerstoff nicht mit guter Selektivität durchführen. Die unmittelbare Reaktion des normalen nicht angeregten Triplettsauerstoffs mit einer olefinischen Doppelbindung ist spinverboten und findet nicht statt.

Die Autoxydation erfolgt nach einem Radikalkettenmechanismus. In dem folgenden, stark vereinfachten Schema (5) sind einige der wichtigsten Reaktionsschritte wiedergegeben.

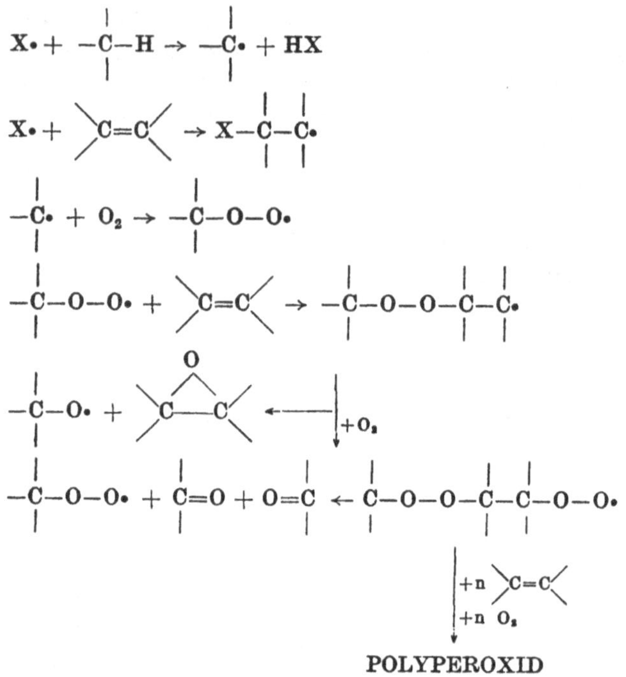

(5)

Die Autoxydation wird in jedem Fall durch ein Radikal initiiert. Je nach Art des Olefins kann dabei der Angriff des Radikals primär an einer C—H-Bindung, prädestiniert dafür sind allylständige C—H-Bindungen, oder auch an der C=C-Doppelbindung erfolgen. Im Ergebnis dieser Reaktion bilden sich C-Radikale. Diese C-Radikale können nun sehr rasch mit Triplettsauerstoff unter Ausbildung von Peroxyradikalen reagieren. Diese Peroxyradikale können in verschiedenster Weise weiterreagieren, sie nehmen eine zentrale Stellung in dem gesamten Prozeß der Autoxydation ein. So können sie sich z. B. an die C=C-Doppelbindung eines weiteren Olefinmoleküls addieren, wobei die dabei entstehenden Additionsprodukte entweder unter Bildung von Epoxid und Alkoxyradikal zerfallen oder auch mit Sauerstoff wiederum unter Ausbildung eines neuen Peroxyradikals weiterreagieren. Auch dieses Peroxyradikal kann Olefin epoxydieren oder durch abwechselnde Addition von Olefin und Sauerstoff schließlich ein Polyperoxid bilden. Darüber hinaus kann es auch unter C—C-Spaltung und Bildung von Carbonylverbindungen zerfallen. Die bei diesen Reaktionen entstehenden Radikale, Carbonylverbindungen und Epoxide sind wiederum Ausgangspunkte für Folgereaktionen und erklären die Vielzahl von Reaktionsprodukten, die bei der Radikalkettenreaktion entstehen können.

Weitere mögliche Reaktionen der Peroxyradikale sind Rekombinationen unter intermediärer Bildung von Tetroxiden, die in Sauerstoff und Dialkyl-

$$2\ -\overset{|}{\underset{|}{C}}-OO\bullet \rightarrow \left[-\overset{|}{\underset{|}{C}}-OOOO-\overset{|}{\underset{|}{C}}-\right] \rightarrow O_2 + -\overset{|}{\underset{|}{C}}-OO-\overset{|}{\underset{|}{C}}- \tag{6}$$

$$-\overset{|}{\underset{|}{C}}-OO\bullet + -\overset{|}{\underset{|}{C}}-H \rightarrow -\overset{|}{\underset{|}{C}}-OO-H + -\overset{|}{\underset{|}{C}}\bullet$$

peroxide zerfallen (Kettenabbruch-Reaktion). Von erheblicher Bedeutung für den Reaktionsverlauf ist außerdem, daß die Peroxyradikale in mehr oder weniger großem Umfang, insbesondere wenn ein Allylwasserstoff vorhanden ist, auch unter H-Abstraktion und Ausbildung entsprechender Hydroperoxide reagieren. Diese Hydroperoxide können wieder Ausgangspunkt für verschiedene Folgereaktionen sein. Außerdem sollte sich an dieser Stelle mit Sicherheit eine Möglichkeit ergeben, durch gezielte metallkatalysierte Beeinflussung der Umsetzung des Hydroperoxids mit dem Olefin die Selektivität der Oxydation zu verbessern. Ehe ich darauf näher eingehe, möchte ich aber erst einmal generell etwas zu den vielfältigen Reaktionsmöglichkeiten von Hydroperoxiden mit Metallverbindungen sagen.

Die Vorstufe für eine Hydroperoxidumwandlung mittels Metallverbindung ist die intermediäre Bildung entsprechender Komplexe oder sogar von Alkylperoxymetallverbindungen. Je nach den Redoxeigenschaften der Metalle kann diese Wechselwirkung entsprechend dem HABER-WEISS-Mechanismus zur Aus-

$$\begin{aligned}
&R-OO-H + M^{(n-1)+} \rightleftharpoons [R-OO-H\cdots M^{(n-1)+}] \rightarrow R-O\bullet + M^{n+} + OH^- \\
&R-OO-H + M^{n+} \rightleftharpoons [R-OO-H\cdots M^{n+}] \rightarrow R-OO\bullet + M^{(n-1)+} + H^+ \\
&2\,R-OO\bullet \rightarrow 2R-O\bullet + O_2 \\
&R-O\bullet + R-OO-H \rightarrow R-O_2\bullet + R-OH \\
&R-OO-H + MX_2 \rightarrow R-OO-M-X + HX \\
&\qquad\qquad\qquad\qquad\quad \downarrow \\
&\qquad\qquad\qquad\quad R-O\bullet + \bullet O-M-X
\end{aligned} \tag{7}$$

bildung von Alkoxy- oder Alkylperoxyradikalen führen. Diese Reaktionen verlaufen als Redoxreaktion nicht immer katalytisch, trotzdem können schon kleine Metallspuren einen schnellen radikalischen Zerfall des Hydroperoxids bedingen, da die primär häufig nur in einer stöchiometrischen Redoxreaktion entstehenden Radikale dann eine radikalinduzierte Hydroperoxidzersetzung bewirken. Außerdem ist bei den metallorganischen Peroxiden ein radikalischer Zerfall unter homolytischer Spaltung der O—O-Bindung möglich. Daß ein derartiger radikalischer Zerfall bei der metallkatalysierten Hydroperoxidumwandlung keineswegs immer eintritt, auch nicht in Gegenwart von Übergangsmetallverbindungen, von denen man das eigentlich erwarten würde, konnte mit Hilfe der sogenannten Inhibitormethode gezeigt werden [4]. Mittels dieser Methode können Angaben erhalten werden, welche Rolle der radikalinitiierte Zerfall spielt und in welchem Umfang freie Radikale beim Peroxidzerfall auftreten. Zu diesem Zweck wird der Reaktionslösung ein Inhibitor, d.h. ein Radikal-

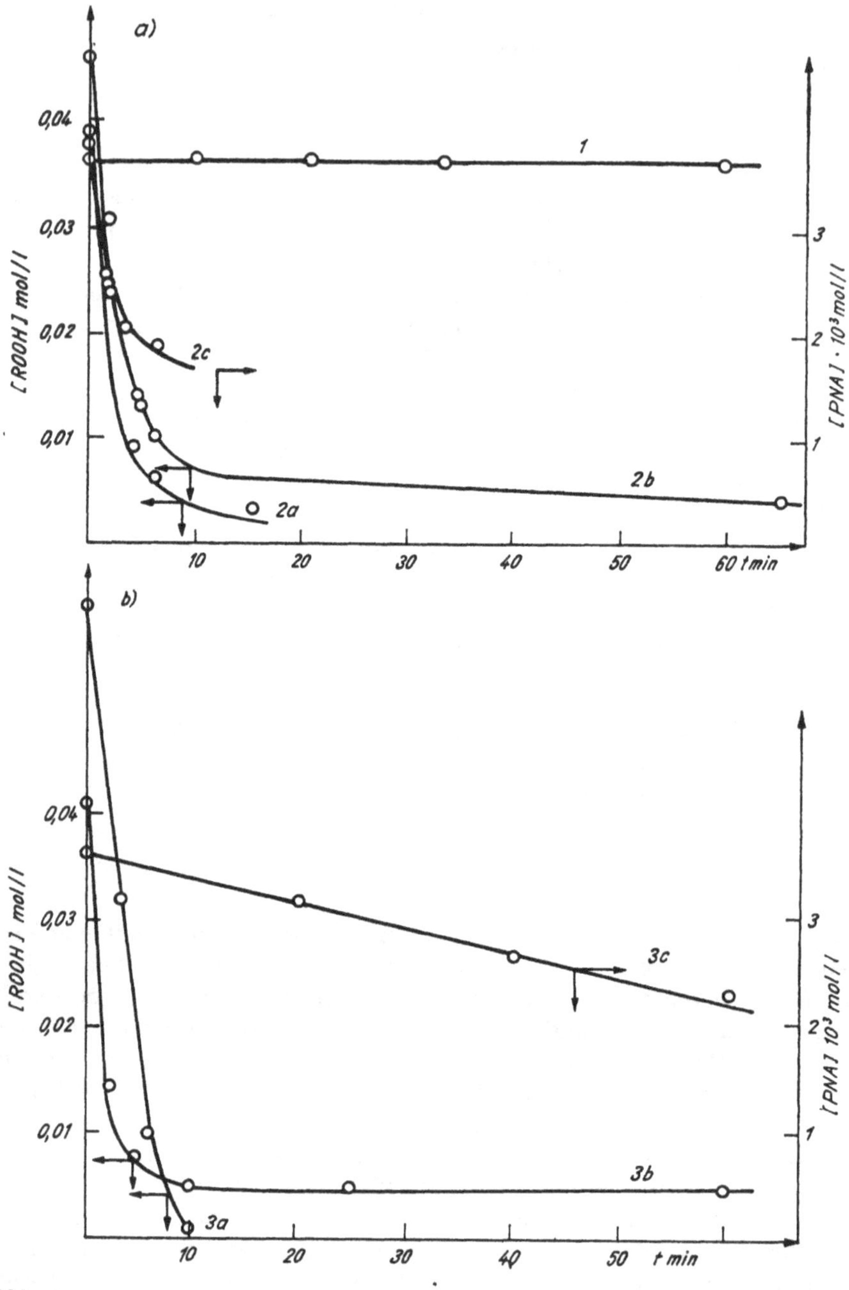

Abb. 1

fänger zugesetzt und dessen Einfluß auf die Zerfallsgeschwindigkeit bestimmt und außerdem der Verbrauch des Inhibitors zeitlich verfolgt. Hier als Beispiel die Zersetzung von tert.-Butylhydroperoxid in Gegenwart katalytischer Mengen eines Mangan- und eines Kobaltkomplexes bei 90 °C. Als Inhibitor wurde N-Phenyl-β-naphthylamin zugesetzt. Wie zu ersehen ist, wird durch diesen Zusatz die Zerfallsgeschwindigkeit nur wenig beeinflußt. Eine gleichzeitige Verfolgung des Phenylnaphthylaminverbrauches ergibt außerdem, daß dieser auch nicht annähernd mit dem Hydroperoxidzerfall korrespondiert. Das zeigt, daß unter diesen Bedingungen nur relativ wenig freie Radikale entstehen und auch ein radikalinduzierter Peroxidzerfall keine entscheidende Rolle spielt. Die in der Tab. 1 zusammengefaßten Daten verdeutlichen dieses noch einmal. Wie

Tabelle 1 Zersetzung von t.-Butylhydroperoxid (t.-BuOOH) in Gegenwart von Übergangsmetallkomplexen (Konz.: $3 \cdot 10^{-4}$ mol/l) bei 90 °C in Chlorbenzen mit und ohne Zusatz von N-Phenyl-β-naphthylamin (PNA, Ausgangskonz.: $3 \cdot 10^{-3}$ mol/l)

Komplex (Konz.: $3 \cdot 10^{-4}$ mol/l)	ohne Zusatz	Zusatz von PNA (Ausgangskonz.: $3 \cdot 10^{-3}$ mol/l)		k_1/k (%)
	t.-BuOOH-Zers. k_0	t.-BuOOH-Zers. k	PNA-Umwand. k_1	
Mn(salpn)	9,8	33,2	1,4	4,2
Co(salen)	28,3	20,0	0,6	3,0
$MoO_2(acac)_2$	14,3	6,7	1,3	19,4
$Mo(CO)_6$	2,2	2,5	0,08	3,2
$Rh(diphos)_2Cl$	19,8	13,3	0,3	2,2
$Rh(PPh_3)_2(CO)Cl$	8,3	10,2	0,2	2,4
$Ir(PPh_3)_2(CO)Cl$	21,7	12,0	0,8	6,7
$Pt(PPh_3)_4$	2,5	4,5	0	0
$Pt(PPh_3)_2OCO_3$	2,2	2,7	0	0

zu ersehen ist, hat der Zusatz von Phenylnaphthylamin keinen entscheidenden Einfluß auf die Umwandlungsgeschwindigkeit des tert.-Butylhydroperoxids, und das Verhältnis der Geschwindigkeitskonstanten der Phenylnaphthylamin-Umwandlung zur tert.-Butylhydroperoxidzersetzung in Prozent zeigt, in welch geringem Umfang Phenylnaphthylamin verbraucht wird, d. h., es treten nur wenig freie Radikale in Lösung auf. Ganz analoge Ergebnisse wurden auch beim Zerfall von Cumenhydroperoxid in Gegenwart dieser Komplexe erhalten.

Abb. 1 Zersetzung von t.-Butylhydroperoxid in Chlorbenzen bei 90 °C in Gegenwart von Mn(salpn) bzw. Co(salen) (Konz.: $3{,}4 \cdot 10^{-4}$ mol/l) ohne und mit Zusatz von $3 \cdot 10^{-3}$ mol/l Phenyl-naphthylamin. 1 ohne Katalysator, 2 in Gegenwart von Co(salen), 3 in Gegenwart von Mn(salpn).
a Hydroperoxidzerfall ohne, b mit Phenylnaphthylamin, c Phenylnaphthylaminverbrauch beim Hydroperoxidzerfall

Daß in Gegenwart von Übergangsmetallen der Hydroperoxidzerfall keineswegs immer hauptsächlich entsprechend dem Redox-Mechanismus von HABER und WEISS unter Bildung entsprechender freier Radikale erfolgen muß, zeigte sich auch bei der Untersuchung der Reaktionsprodukte des Zerfalls von tert.-Butylhydroperoxid in Gegenwart verschiedener Übergangsmetallkomplexe [5].

Wie aus Tab. 2 zu ersehen ist, wird in Gegenwart der typischen Halcon-Katalysatoren wie Molybdän- und Vanadium- aber auch in Gegenwart von

Tabelle 2 Reaktionsprodukte der metallkatalysierten Zersetzung von t.-BuOOH (Ausgangskonz.: 1 mol/l) in Chlorbenzen

Komplex ($2 \cdot 10^{-3}$ mol/l)	Temp. °C	t.-BuOOH –Zers. (%)	Reaktionsprodukte (mol/mol Zers.t.-BuOOH)		
			O_2	t.-BuOH	t.-Bu–OO–But.
$Mo(CO)_6$	90	81,6	0,40	0,82	0,1
$MoO_2(acac)_2$	90	79,4	0,40	0,81	0,15
$VO(acac)_2$	90	73,5	0,48	0,95	0,05
Mn(salpn)	25	77,6	0,42	0,83	0,1

Mangankomplexen – und diese Reihe ließe sich fortführen – tert.-Butylhydroperoxid hauptsächlich unter Entwicklung von Sauerstoff und Bildung von tert.-Butanol zersetzt. Die Bildung von Di-tert.-butylperoxid spielt nur eine völlig untergeordnete Rolle. Der Reaktionsverlauf wird summarisch praktisch durch die folgende Gleichung wiedergegeben:

$$2\ \text{t.-BuOOH} \xrightarrow{\text{Kat.}} 2\ \text{t.-BuOH} + O_2.$$

Aus 2 Mol tert.-Butylhydroperoxid entstehen 2 Mol tert.-Butanol und 1 Mol Sauerstoff.

Wie wir mit Hilfe entsprechender Abfangreagentien zeigen konnten, handelt es sich bei dem entstehenden Sauerstoff wenigstens teilweise um angeregten Sauerstoff, d.h. Singulett-Sauerstoff. Als Abfangreagentien wurden 9,10-Diphenylanthracen, Tetraphenylcyclopentadienon und 1,3-Diphenylisobenzofuran eingesetzt und die für die Reaktion des Singulett-Sauerstoffs typischen Oxydationsprodukte erhalten. Auch dieser Befund bestätigt, daß die Umwandlung des Hydroperoxids in Gegenwart dieser Metallverbindungen nicht in erster Linie zur Ausbildung freier Radikale und deren Folgeprodukten führt.

Daß in Gegenwart von Übergangsmetallverbindungen typische heterolytische O—O-Spaltungen und damit verbundene Umlagerungsreaktionen ablaufen können, zeigte z.B. das System Cumenhydroperoxid-Molybdänkomplex.

Hier werden die für die Cumenspaltung charakteristischen Reaktionsprodukte Phenol und Aceton mit hoher Selektivität erhalten.

Bemerkenswert ist aber – und ich habe darauf vorhin bei der Behandlung des Mechanismus der metallkatalysierten Epoxydation mit Hydroperoxiden be-

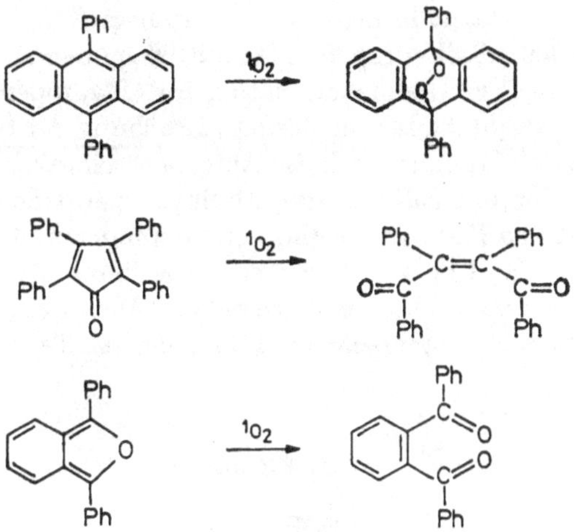

(8)

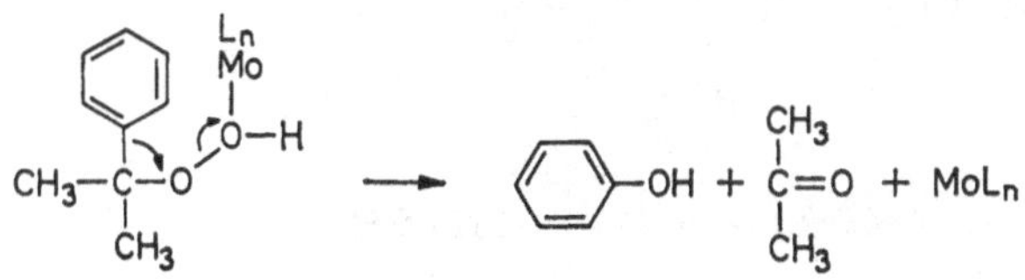

(9)

reits hingewiesen – daß sowohl die vom Molybdänkomplex bewirkte Umwandlung des tert.-Butylhydroperoxids unter Entwicklung von Singulett-Sauerstoff als auch die Cumenhydroperoxid-Spaltung nur in Abwesenheit von Olefinen erfolgt.

Durch Olefine werden diese Peroxidzersetzungen vollständig inhibiert. Diese Beobachtung zeigt, daß offensichtlich Molybdänkomplexe durch eine Wechselwirkung mit Olefinen soweit modifiziert werden können, daß sie derartige Hydroperoxidumwandlungen nicht mehr katalysieren.

Diese an Alkyl- bzw. Aralkylhydroperoxiden gesammelten Erfahrungen lassen den Schluß zu, daß der Einfluß verschiedener Metallverbindungen auf die Olefinautoxydation sicher auch nicht nur auf deren Redoxeigenschaften und einer daraus resultierenden mehr oder weniger schnellen Hydroperoxidzersetzung unter Ausbildung freier Radikale beruhen sollte.

Wenn man die Selektivität der Olefindirektoxydation mit Sauerstoff insbesondere hinsichtlich der Epoxidbildung wesentlich erhöhen will, so ist u.a. die Fragestellung naheliegend, ob und wie man mit Hilfe eines Katalysators in geeigneter Form in den Radikalkettenmechanismus eingreifen kann.

Wie wir vorhin bereits diskutiert haben, tritt bei der Olefinoxydation mit molekularem Sauerstoff – bei allen Olefinen mit Allylwasserstoff – in Abhängigkeit von der C—H-Bindungsstärke in mehr oder weniger großem Umfang die Bildung von entsprechenden Allylhydroperoxiden auf. Nach den Erfahrungen, die bezüglich der katalytischen Olefinepoxydation mit Hydroperoxiden bestehen, sollte hier ein Ansatzpunkt für die gezielte Erhöhung der Selektivität der Epoxidbildung bestehen. Es ergibt sich die Aufgabenstellung, einen Katalysator (M_A) zu finden, der die Bildung des Allylhydroperoxids begünstigt und diesen mit einem zweiten Katalysator (M_B) zu kombinieren, der dann die selektive Umwandlung des Hydroperoxids mit einem weiteren Molekül Olefin unter Bildung von Epoxid und Allylalkohol ermöglicht. Wenn es gelingt, den Reaktionsablauf ausschließlich entsprechend diesen beiden Teilschritten zu

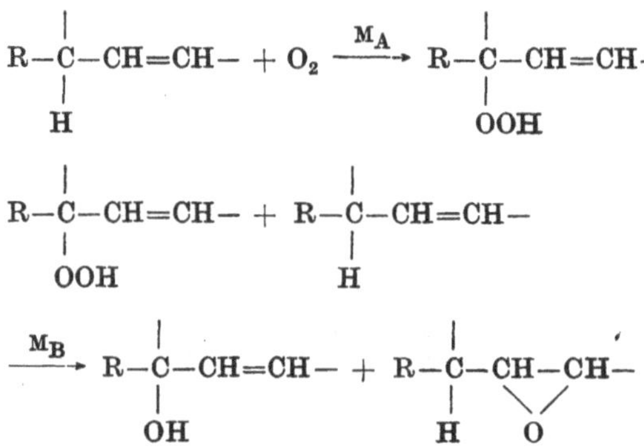

(10)

realisieren, ergibt sich summarisch eine Reaktion, bei der aus 2 Mol Olefin und einem Mol Sauerstoff 1 Mol des entsprechenden Allylalkohols und 1 Mol Epoxid gebildet werden. Die Selektivität der Epoxidbildung könnte also, bezogen auf verbrauchtes Olefin, maximal 50% betragen.

Untersuchungen in dieser Richtung wurden von verschiedenen Arbeitskreisen durchgeführt und dabei zahlreiche Metallkombinationen untersucht. Auch wir haben zu dieser sogenannten „Bimetallkatalyse" Untersuchungen durchgeführt [6].

Als Katalysator M_A wurden dabei u.a. viele typische Autoxydationskatalysatoren getestet und als Katalysator M_B verschiedenartige Molybdänverbindungen eingesetzt. Ich möchte auf diese Untersuchungen hier nur kurz eingehen. Aus Abb. 2 ist z.B. anhand der Sauerstoffaufnahme die Wirkung unterschiedlicher Metallkomplexe und deren Kombinationen auf die Reaktionsgeschwindigkeit der Cyclohexenoxydation zu erkennen. Die höchste Reaktionsgeschwindigkeit wird in Gegenwart von reinen Mangan- und Cobaltverbindungen erreicht, während mit Molybdänverbindungen allein die Reaktion noch langsamer verläuft als unkatalysiert. In Gegenwart der Kombination von Mangan bzw. Cobalt mit Molybdän ist die Reaktion dagegen anfänglich gegenüber

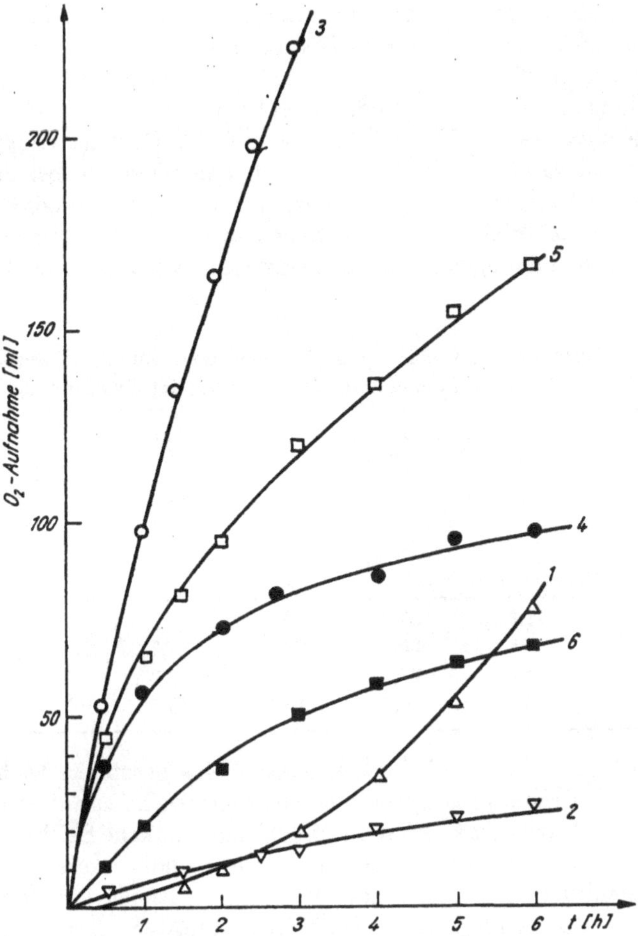

Abb. 2 Sauerstoffaufnahme von 10 ml einer 5 m Lösung von Cyclohexen in Chlorbenzen bei 80 °C unkatalysiert (1), in Gegenwart von jeweils 10^{-3} mol/l $MoO_2(acac)_2$ (2), $Mn(acac)_2$ (3), $Co(acac)_2$ (5) sowie einer Kombination von 10^{-3} mol/l $Mn(acac)_2$ mit $5 \cdot 10^{-4}$ mol/l $MoO_2(acac)_2$ (4) bzw. 10^{-3} mol/l $Co(acac)_2$ mit 10^{-3} mol/l $MoO_2(acac)_2$ (6)

der unkatalysierten deutlich beschleunigt, inhibiert sich dann aber rasch selbst. Diese Inhibierung ist sicher teilweise auf eine Reduzierung des radikalischen Anteils im Reaktionsgeschehen zurückzuführen. Daneben ist für den Aktivitätsabfall aber offensichtlich auch eine Wechselwirkung zwischen den Metallen und Oxydationsprodukten, die zur Ausscheidung von unlöslichen Metallverbindungen führt, verantwortlich.

Wie aus den in der Tab. 3 zusammengestellten Ergebnissen zu ersehen ist, kann durch die Kombination geeigneter Katalysatoren auch die Produktzusammensetzung stark beeinflußt werden. So ist in Gegenwart der Kombinationen Cobalt- bzw. Manganacetylacetonat oder auch Stearat mit Molybdänylacetylacetonat die Selektivität der Expoxidbildung bei der Cyclohexenoxydation, bezogen auf umgewandeltes Cyclohexen, 6–8 mal höher als bei der unkatalysierten Reaktion. Kombiniert man dagegen den Kupfer(I)-jodid-o-Phenanthrolinkomplex mit Molybdänylacetylacetonat, so wird unter den hier angewendeten Reaktionsbedingungen keine nennenswerte Verbesserung der Epoxidbildung erreicht.

Tabelle 3 Oxydation von Cyclohexen in Chlorbenzen (Anfangskonz.: 5mol/l) in Gegenwart von jeweils 10^{-3} mol/l einer Metallverbindung A und $MoO_2(acac)_2$ (Metallverbindung B) bei 80 °C; Reaktionszeit: 6 Stdn.

M_A	Olefin-Umsatz (%)	Selektivität (%)			
		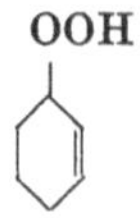			
$Co(acac)_2$	16	1,3	37	29	6
$Mn(acac)_2$	20,4	3,2	35	24	7,7
$MnSt_2$	27,6	4,3	36,7	26,3	14,3
Cu(I)-phen	48	5,9	6,6	19,3	40,4

Wie gezeigt werden konnte, beruht beim Cyclohexen, das besonders leicht Hydroperoxide bildet, die Erhöhung der Epoxidausbeute tatsächlich auf einer gezielten Ausnutzung des Hydroperoxids zur Epoxydation. Ähnliche Selektivitätserhöhungen werden auch bei der Oxydation anderer allylwasserstoffhaltiger Olefine in Gegenwart derartiger Katalysatorkombinationen erhalten, wobei unter bestimmten Bedingungen auch Epoxidselektivitäten bis zu 50% erreicht werden konnten. Die Hydroperoxidbildung und -umwandlung sind aber sicher nicht die einzigen Teilreaktionen im Rahmen der radikalischen Autoxydation, die mit Hilfe von entsprechenden Metallverbindungen beeinflußt werden können, wie z.B. Untersuchungen an Olefinen, die über keinen allylständigen Wasserstoff verfügen, zeigen.

Charakteristisch für den Reaktionsverlauf der Olefinoxydation ist in all diesen Fällen aber immer noch der Radikalkettenmechanismus. Mit Hilfe von Katalysatoren können dabei nur bestimmte, z.T. nicht radikalische Teilreaktionen erleichtert bzw. beschleunigt werden, so daß sich die Selektivität der Bildung bestimmter Produkte verändert. Eine auch nur annähernd 100%ige Selektivität für die Bildung eines Oxydationsprodukts kann so natürlich niemals erreicht werden. Es ergibt sich daher die Frage, ob bzw. auf welchem Wege eine selektivere Oxydation mit molekularem Sauerstoff möglich ist. Von Interesse sollten besonders nichtradikalische Sauerstoffübertragungen sein. Bekannt ist, daß mit Molybdänperoxoverbindungen Olefine mit hoher Selektivität epoxidiert werden können [7].

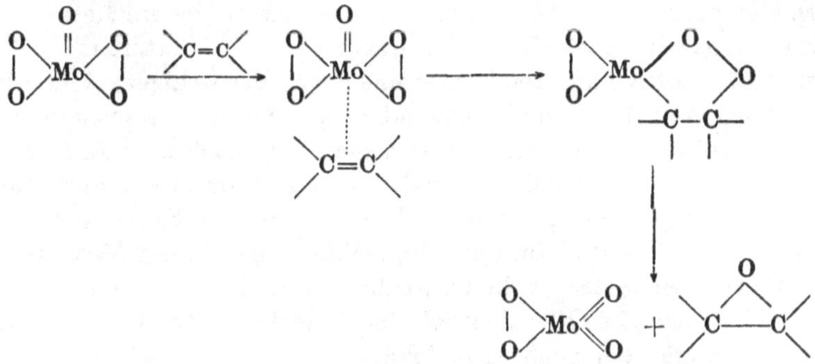

(11)

Bezüglich des Reaktionsmechanismus wird auch hier wieder angenommen, daß die Epoxydation über eine Molybdän-Olefin-Wechselwirkung und anschließenden Einschub der C=C-Doppelbindung in die Metall-Sauerstoff-Bindung erfolgt. Für die Herstellung dieser Molybdänperoxyverbindung ist aber Wasserstoffperoxid erforderlich. Das Molybdän in diesen Verbindungen ist +6wertig. Außer vom Molybdän können auch von einer Reihe anderer Metalle durch Umsetzung mit Wasserstoffperoxid analoge Peroxyverbindungen erhalten werden. Es ist aber auch bekannt, daß einige Übergangsmetallkomplexe, in denen sich das Zentralatom in einer niederen Wertigkeitsstufe befindet, durch Reaktion mit molekularem Sauerstoff ebenfalls Metallperoxyverbindungen bilden können [8].

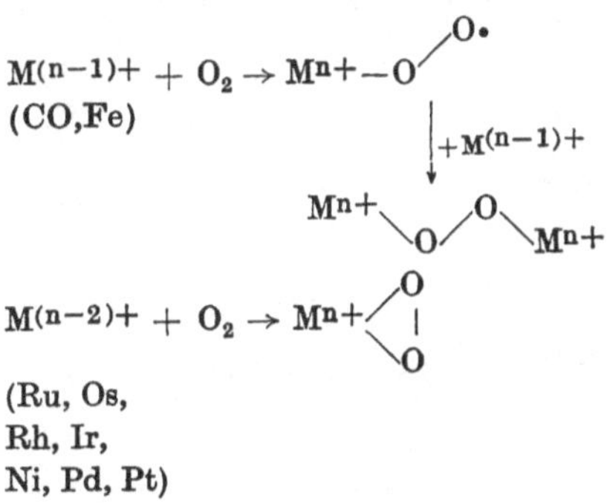

(12)

Je nachdem, ob dabei das Metall leicht zur Abgabe von einem oder zwei Elektronen befähigt ist, kann die Reaktion entweder zu Superoxyverbindungen und durch Weiterreaktion zu Bis-metallylperoxiden oder zur Ausbildung von Metallperoxyverbindungen mit einem Metallsauerstoffverhältnis von 1:1 führen. Charakteristisch für den ersten Typ von Metallsauerstoffverbindungen sind Komplexe des zweiwertigen Cobalts und Eisens, während sich Verbindungen des zweiten Typs aus null- bzw. zweiwertigen Ruthenium- oder Osmium-, aus einwertigen Rhodium- oder Iridium- bzw. nullwertigen Nickel-, Palladium- oder Platinkomplexen bilden können. Die Sauerstoffbindung in diesen Komplexen ist in Abhängigkeit von der Natur der am Metall gebundenen weiteren Liganden reversibel oder irreversibel. Charakteristisch ist, daß in diesen Sauerstoff-Komplexen immer eine mehr oder weniger starke Elektronenübertragung vom Metall in die antibindenden π-Orbitale des Sauerstoffs erfolgt. Daß z.T. typische Peroxyderivate vorliegen, zeigt sich im reaktiven Verhalten solcher Komplexe, so erhält man z.B. bei der Hydrolyse Wasserstoffperoxid. Trotzdem gelingt aber eine direkte Übertragung des Sauerstoffs aus solchen Peroxykomplexen auf olefinische Doppelbindungen in der Mehrzahl der Fälle nicht. Es tritt entweder gar keine Reaktion oder lediglich eine Oxydation von Komplexliganden ein. Offensichtlich sind viele dieser Metallsauerstoffkomplexe nicht in der Lage, auch noch ein Molekül eines normalen Olefins zu koordinieren, und der so gebundene peroxidische Sauerstoff ist nicht elektrophil genug, um mit einer olefinischen Doppelbindung direkt reagieren zu können.

Daß bei gleichzeitiger Aktivierung von Olefin und Sauerstoff tatsächlich eine direkte Sauerstoffübertragung möglich wird, zeigte sich beim Studium des Verhaltens von Rhodium-Olefin-Komplexen gegenüber Sauerstoff. Einwertiges Rhodium kann mit α-Olefinen Komplexe bilden, in denen pro Rhodiumatom 2 Mol Olefin gebunden sind.

In wasserfreien organischen Lösungsmitteln kann man z.B. solche chloridhaltigen dimeren Komplexe relativ leicht herstellen.

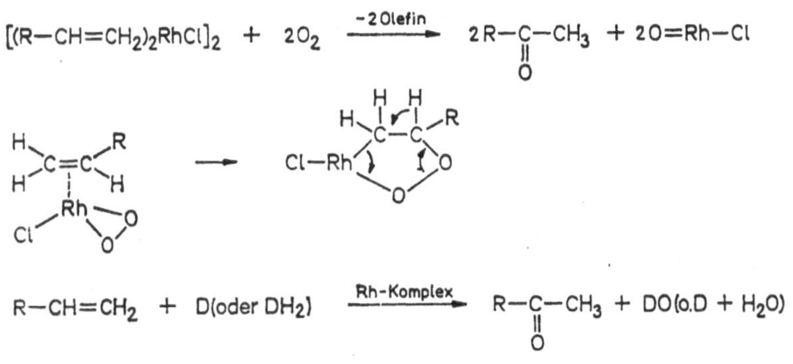

(13)

Läßt man auf derartige Lösungen Sauerstoff einwirken, so wird pro Mol Rhodium ein Mol Sauerstoff aufgenommen, und es bildet sich ein Mol des entsprechenden Methylalkylketons. Diese Reaktion verläuft aber auch in Gegenwart von überschüssigem Olefin nicht katalytisch. Offensichtlich gelingt es nicht, den gesamten Sauerstoff auf das Olefin zu übertragen, obwohl ursprünglich ja an jedem Rhodium zwei Moleküle Olefin gebunden waren. Außer dem Methylalkylketon erhält man eine Verbindung des dreiwertigen Rhodiums, die zu keiner weiteren Reaktion befähigt ist. Es wird nur die eine Hälfte des Sauerstoffmoleküls auf das Olefin übertragen, während die andere Hälfte am Rhodium verbleibt.

Für diese Reaktion ist die gleichzeitige Aktivierung von Olefin und Sauerstoff am Rhodium die entscheidende Voraussetzung. Es können auf diesem Wege nur Olefine, die zu einer π-Komplexbildung mit dem Rhodium befähigt sind, und das sind in erster Linie an der Doppelbindung unverzweigte α-Olefine, oxydiert werden.

Will man die Sauerstoffübertragung katalytisch gestalten, so muß man sicherstellen, daß das Rhodium(III) wieder in den Ausgangskomplex zurückverwandelt wird. Eine derartige Reduktion des Rhodium(III) zum Rhodium(I) im Reaktionsgemisch ist durch Zugabe entsprechender Reduktionsmittel möglich. Als solche können z.B. Phosphine aber auch primäre oder sekundäre Alkohole und sogar HMPT dienen [9]. In Gegenwart solcher Reduktionsmittel kann man dann mit derartigen Rhodiumkomplexen auch eine katalytische Sauerstoffübertragung auf Olefine durchführen. Bei dieser Oxydation in Gegenwart eines Reduktionsmittels übernimmt das Reduktionsmittel die eine Hälfte des Sauerstoffmoleküls. Es besteht also in dieser Hinsicht eine gewisse Analogie zur biochemischen Oxydation mittels der sogenannten mischfunktionellen oder auch Monooxygenasen.

Bezüglich einer katalytischen direkten Sauerstoffübertragung auf Olefine stellte sich natürlich auch die Frage nach Reaktionsbedingungen, unter denen das Olefin selbst das Reduktionsmittel ist. Das heißt, das Olefin müßte dann entweder mit dem intermediär entstehenden Rhodium(III) z.B. in einer Art Wacker-Reaktion unter Rückbildung des Olefinkomplexes reagieren oder es müßten Bedingungen gefunden werden, die eine unmittelbare Reaktion des Sauerstoffs mit 2 Olefinmolekülen ermöglichen.

Für letzteres wäre sicher eine Voraussetzung, daß neben dem Sauerstoff 2 Olefinmoleküle so am Rhodium fixiert werden, daß eine ausreichende Überlappung der Orbitale erreicht und eine Synchronreaktion möglich wird. Um bei den von uns untersuchten Rhodiumkomplexen eine zusätzliche freie Koordinationsstelle zur geeigneten Fixierung des Olefins zu schaffen, bietet sich nur die Entfernung des Chlorids an. Es wurde daher untersucht, wie sich der Zusatz verschiedener zur Chlorid-Koordinierung befähigter Metallsalze auf die rhodiumkatalysierte Olefinoxydation auswirkt. Es konnte gezeigt werden, daß sich z.B. bei Zusatz verschiedener Aluminium-, Antimon- oder Wismutverbindungen die Aktivität der Rhodiumkomplexe erheblich erhöht und dann schon bei Temperaturen um 40°C eine relativ rasche katalytische Sauerstoffübertragung auf α-Olefine erfolgt. Als Olefinoxydationsprodukt wird wieder praktisch ausschließlich das entsprechende Methylketon erhalten. Außerdem wird unter diesen Bedingungen annähernd der gesamte Sauerstoff auf das Olefin übertragen, eine Oxydation des als Lösungsmittel verwendeten Alkohols tritt nur in untergeordnetem Maße ein. Die Reaktion verläuft also summarisch entsprechend der unten angegebenen Gleichung [10].

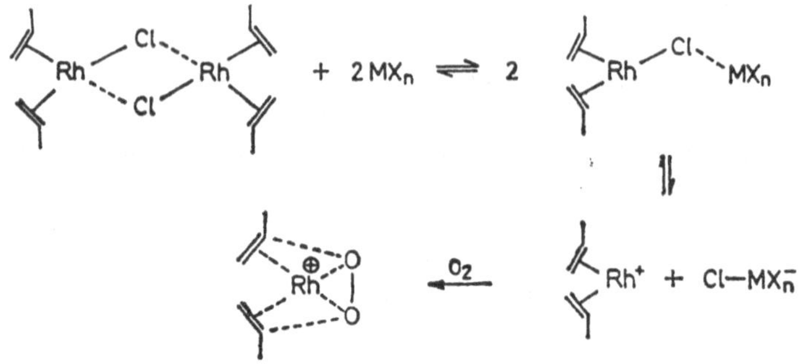

(14)

$$2\,R{-}CH{=}CH_2 + O_2 \xrightarrow{\text{Rh-Komplex + MX}_n} 2\,R{-}\underset{\substack{\|\\ O}}{C}{-}CH_3$$

Die Wirkung der zugesetzten 2. Metallverbindung dürfte darauf beruhen, daß sie durch Angriff am Chlorid die Chlorbrücke des dimeren Rhodium-Olefin-Komplexes aufbricht und sich unter teilweisem Abzug des Chlorids Rhodium-Kationen bilden. Es entsteht eine zusätzliche freie Koordinationsstelle am Rhodium. Dadurch wird es offensichtlich möglich, Sauerstoff und 2 Olefine in einer solchen räumlichen Anordnung zu fixieren, daß eine Spaltung der O—O-Bindung unter synchroner Sauerstoffübertragung auf je ein Olefin und Rückbildung von Rhodium-(I) möglich wird. Dieses bildet dann mit Olefin den Olefinkomplex zurück, so daß der katalytische Kreislauf geschlossen ist.

Dies sind erste Vorstellungen zum Reaktionsverlauf, mit ihnen können die bisher vorliegenden experimentellen Befunde befriedigend gedeutet werden. Endgültige Aussagen zum Mechanismus dieser Reaktion können gegenwärtig noch nicht gemacht werden. Sicher ist aber, daß auf diesem Wege in einer nicht radikalisch verlaufenden Reaktion molekularer Sauerstoff mit hoher Selektivität unmittelbar auf olefinische Doppelbindungen übertragen werden kann. Leider ließen sich bisher keine Lösungen finden, um unter ähnlichen Bedingungen auch eine Darstellung von Epoxiden zu ermöglichen.

Zusammenfassend kann man aus den bisher vorliegenden experimentellen Ergebnissen im Hinblick auf die Flüssigphasenoxydation von Olefinen mit Sauerstoff den Schluß ziehen, daß eine nichtradikalische, selektive Direktübertragung von Sauerstoff auf olefinische Doppelbindungen unter gleichzeitiger Spaltung der O—O-Bindung mit Katalysatoren realisierbar ist, wenn diese eine geeignete gleichzeitige Aktivierung von Olefin und Sauerstoff ermöglichen. Besondere Bedeutung kommt dabei der Bildung von Peroxyspezies als reaktiven Intermediaten zu.

Ich möchte das hier noch einmal ausdrücklich betonen, Peroxyverbindungen können zwar durch homolytischen Zerfall Radikalreaktionen auslösen, in der Oxydation sind es aber die Intermediate, mit deren Hilfe man in erster Linie selektive, nichtradikalische Oxydationen durchführen kann. Peroxyspezies erhält man bekanntlich generell durch eine 2-Elektronenreduktion von molekularem Sauerstoff. Zur Verwirklichung einer Selektivoxydation mit Sauerstoff besteht daher die Aufgabe darin, diese Reduktion mittels geeigneter Katalysatoren intermediär zu gewährleisten, und zwar unter Einbeziehung des zu oxydierenden Substrats. Daß dies möglich ist, habe ich an einem Beispiel gezeigt. Es gibt aber hier noch zahlreiche ungelöste Probleme, die im Interesse einer noch effektiveren Nutzung des molekularen Sauerstoffs als Oxydationsmittel bei der chemischen Stoffwandlung eine weitere Vertiefung der Erkenntnisse auf diesem Gebiet notwendig machen.

Literatur

[1] R. A. Sheldon, Aspects of Homogeneous Catalysis **4**, 3 (1981).

[2] A. Rieche und T. Bertz, Angew. Chem. **70**, 507 (1958);
A. Rieche und J. Dahlmann, Liebigs Ann. Chem. **675**, 19 (1964);
A. Rieche, J. Dahlmann und D. List, Liebigs Ann. Chem. **678**, 167 (1964);
J. Dahlmann und A. Rieche, Chem. Ber. **100**, 1544 (1967).

[3] H. Mimoun, R. Charpentier, A. Mitschler, J. Fischer und R. Weiss, J. Amer. Chem. Soc. **102**, 1047 (1980).

[4] S. K. Ivanov, J. Kateva, J. Dahlmann und E. Höft, J. prakt. Chem. **322**, 529 (1980)

[5] H. J. Hamann, J. Dahlmann und E. Höft, Oxidation Communications **1**, 183 (1980).

[6] H.-F. Boeden, J. Dahlmann, H.-J. Hamann und E. Höft, J. prakt. Chem. **324**, 526 (1982)

[7] H. Mimoun, J. Seree de Roch und L. Sajus, Tetrahedron **26**, 37 (1970).

[8] G. Henrici-Olivé und S. Olivé, Angew. Chem. **86**, 1 (1974);
L. Vaska, Accounts Chem. Research **9**, 175 (1976);
G. McLendon und A. E. Martell, Coordination Chem. Rev. **19**, 1 (1976).

[9] J. Dahlmann und E. Höft, Oxidation Communications, im Druck.

[10] J. Dahlmann, E. Höft und B. Giese, DDR-Pat. 144535 (27. 6. 79/22. 10. 80).
J. Dahlmann und E. Höft, Oxidation Communications, im Druck.

Dieter Martin

Vom Afungin zum Carbendazim – Auf der Suche nach neuen Fungiziden

Als ich vor fast 22 Jahren an Ihr Institut nach Berlin kam, konnte ich unter Ihrer Leitung, verehrter Herr RIECHE, meine ersten selbständigen „chemischen Gehversuche" unternehmen. Das heißt, ganz so frei beweglich war ich nicht, denn die Aufgabe, die ich erhielt, lautete: Entwicklung von synthetischen Senfölbildnern, die im Kontakt mit der Zelle Isothiocyanate (Senföle) abspalten und so ihre kurative Wirkung gegenüber Mikroorganismen, insbesondere Pilzen, entfalten. Auf Einzelheiten der damaligen Untersuchungen kann ich nicht eingehen, aber ein Bild aus jener Zeit faßt die Ergebnisse so zusammen [1, 2]:

1. Die biozide Wirksamkeit nimmt zu mit der Leichtigkeit der Senfölabspaltung (als Maß gilt die für die fungistatische Aktivität erforderliche Konzentration in γ).
2. Die Natur des freigesetzten Isothiocyanates hat einen entscheidenden Einfluß auf die Wirksamkeit. Die in den nativen Senfölglukosiden (Gluconasturtiin, Glucotropaeolin) gebundenen β-Phenylethyl- und Benzylisothiocyanate sind am wirksamsten.
3. Als geeignete Vertreter für Human- und Veterinärarzneimittel erwiesen sich 3,5-Dibenzyl-2-thion-tetrahydro-1,3,5-thiadiazin und 3-Benzyl-5-hydroxycarbonylmethyl-2-thion-tetrahydro-1,3,5-thiadiazin, da sie den optimalen Kompromiß zwischen Beständigkeit und für die Wirkung notwendiger Abspaltung von Benzylisothiocyanat verkörpern.

Struktur, Wirksamkeit und Verteilungsverhalten

1. $\underset{2 \cdot 10^3\,\gamma}{R_2N{-}CS{-}XR'} \ll \underset{20\,\gamma}{RNH{-}CS{-}OR'} < \underset{2\,\gamma}{RNH{-}CS{-}OAr} \approx \underset{2\gamma}{RNH{-}CS{-}SR'} < \underset{0{,}5\,\gamma}{RNH{-}CS{-}SAr}$

2. $Ar{-}NCS,\ R{-}NCS \ll Ar{-}CH_2CH_2{-}NCS,\ Ar{-}CH_2{-}NCS,\ CH_2{=}CH{-}CH_2{-}NCS$ (1)

3.

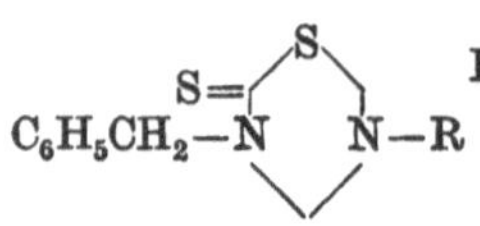

R: $-CH_2C_6H_5$ (10γ) $-CH_2COOH$ (0,5γ) $-CH_2COONa$ (10γ)

Nach vielfältigen Prüfungen wurden schließlich vom Gutachterausschuß die Präparate AFUNGIN® (Fungistaticum gegen Hautpilze) und NOTICIN® (gegen gastrointestinale Störungen bei Haustieren) zugelassen. Im Lizenzverfahren werden in der BRD FUNGIPLEX® und DEFUNGIT® und in Holland REFUNGINE® produziert.

Fast 20 Jahre danach stehen wir einem ähnlichen, aber um vieles komplizierteren Problem gegenüber. Es sollen Mittel gegen pflanzliche Pilzerkrankungen, insbesondere den Erreger der Kraut- und Knollenfäule der Kartoffeln (Phytophthora infestans), entwickelt werden, der zu erheblichen Ernteverlusten führt. In der Phytomedizin ist es viel schwieriger ein Fungizid zu entwickeln als in der Humanmedizin, da Mensch und Mikroorganismus systematisch viel weiter von einander entfernt sind, als die Wirtspflanze und der hochspezialisierte Pilz. Trotzdem glaubte man 1968 bereits an den großen Durchbruch, als Du Pont mit den Derivaten des 2-Aminobenzimidazols (ABI) (BENOMYL) ein Mittel auf den Markt brachte, das hervorragend gegen Schimmelerkrankungen bei fast allen Kulturpflanzen wirkte. Die eigentlich aktive Substanz ist das 2-Methoxycarbonylamino-benzimidazol (CARBENDAZIM, Hoechst) das aus dem BENOMYL freigesetzt wird.

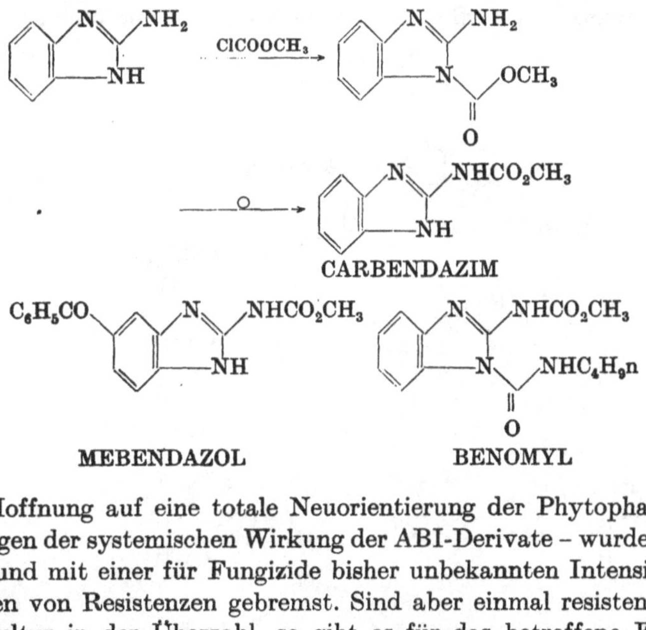

(2)

Die Hoffnung auf eine totale Neuorientierung der Phytopharmazie - u.a. auch wegen der systemischen Wirkung der ABI-Derivate - wurde überraschend schnell und mit einer für Fungizide bisher unbekannten Intensität durch das Auftreten von Resistenzen gebremst. Sind aber einmal resistente Stämme in einer Kultur in der Überzahl, so gibt es für das betroffene Fungizid keine Chance mehr. Im Unterschied zu den bisher breit verwendeten klassischen, protektiven Fungiziden (z.B. Dithiocarbamate), sind mit den ABI-Derivaten auch mit 1000fach gesteigerten Konzentrationen keine Wirkungen mehr zu beobachten [3]. Das bedeutet aber nicht, die Suche nach systemischen Fungiziden aufzugeben; man muß jedoch bereits in einem frühen Stadium einer möglichen Resistenzentwicklung nachgehen.

Erschwerend kommt bei der Entwicklung von Phytophthora-Mitteln hinzu, daß die Pilze dieser Gattung zu einer eigenen phylogenetischen Gruppe zählen und von den meisten in den letzten Jahren entwickelten Systemfungiziden nicht erfaßt werden. Erst vor 4–6 Jahren ist es den Konzernen Ciba-Geigy (Schweiz) mit den Wirkstoffen METALAXYL und FURALAXYL und DuPont mit DPX 3217 gelungen, nach jahrelangen konzentrierten Forschungsanstrengungen hochwirksame Mittel gegen Phytophthora aufzufinden und auf den Markt zu bringen. Allerdings sind bei einer Breitenanwendung in mehreren Ländern in der Pilzpopulation Resistenzen aufgetreten, so daß Ciba-Geigy neuerdings Mischungen mit den genannten Fungiziden empfiehlt. International ist daher eine weitere intensive Suche nach neuen Präparaten zu erkennen.

Unsere Arbeiten, die in einem breiteren Rahmen als PSM-Screening angelegt sind, konzentrieren sich im wesentlichen auf heterocyclische Kohlensäurederivate, über deren Chemie ich Ihnen berichten möchte. Zunächst zu den Untersuchungen am 2-ABI.

Vom 2-ABI ist bekannt, daß es von Arylcyanaten am Ring-N-Atom unter Bildung von *2* angegriffen wird und damit die Struktur *1* auszuschließen ist [4].

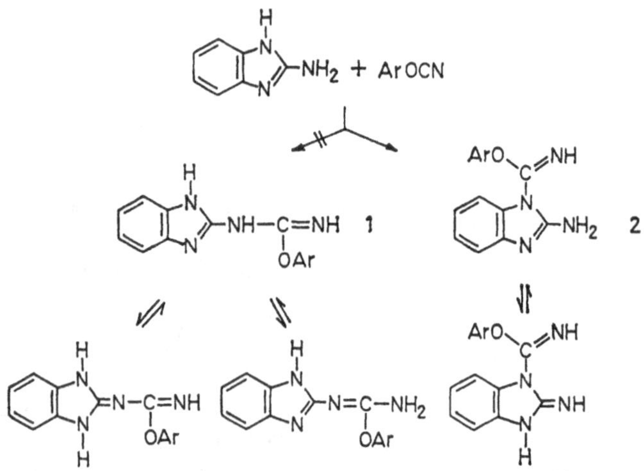

(3)

Die schwierige IR-spektroskopische Strukturzuordnung konnten wir durch die Beobachtung umgehen, daß die Imidsäureester *2* leicht Phenol eliminieren. Das dabei gebildete Nitril *3* zeigt im ^{13}C-NMR-Spektrum 6 Signale für den Benzen-Ring, während die isomere endo-Verbindung *4* wegen der Symmetrie nur 3 Signale für den Benzen-Ring aufweist [5].

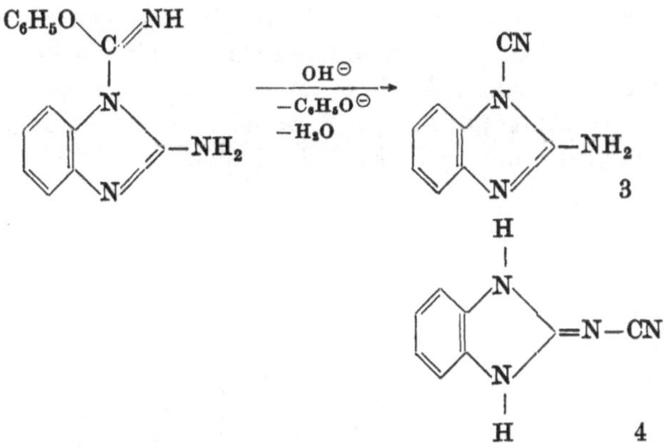

(4)

Die Imidsäureester *2* bieten sich als 1,5-Dinucleophile für Cyclisierungen mit C_1-Bausteinen an. Erwartungsgemäß glatt verlaufen die Ringschlußreaktionen mit Ketonen in Gegenwart von Lauge, wobei Phenol eliminiert wird und 4-Oxo-tetrahydro-1,3,5-triazino[1,2-a]benzimidazole *5* entstehen. Bei Cyclisierungen mit Aldehyden und Carbonsäureanhydriden zu *6* bzw. *7* verbleibt der Aroxyrest im Molekül [5, 6].

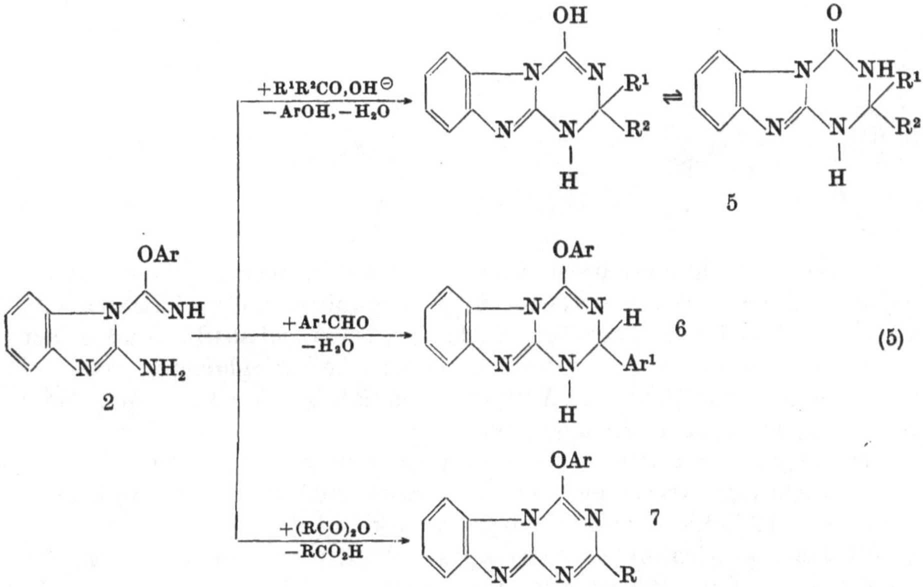

(5)

Mit Cyanaten reagieren die Imidsäureester *2* nicht weiter, wohl aber mit Isocyanaten. Da hier 3 verschiedene Regioisomere möglich sind, war die Strukturzuordnung schwierig. Wir fanden aber, daß das gleiche Produkt *8* entsteht, unabhängig davon, ob 2-ABI zuerst mit Arylcyanat und dann mit

Isocyanat (A) oder erst mit Isocyanat und dann mit Arylcyanat umgesetzt wurde (B). Die im letzten Fall primär gebildeten Harnstoffe *9* lagern sich sehr leicht nach einem monomolekularen Mechanismus in die exo-Harnstoffe *10* um [7]. Der gleichen Isomerisierung unterliegen *8*, wobei unter Phenoleliminierung und Ringschluß 4-Imino-2-oxo-tetrahydro-1, 3, 5-triazino[1, 2-a]benzimidazole *11* entstehen [6].

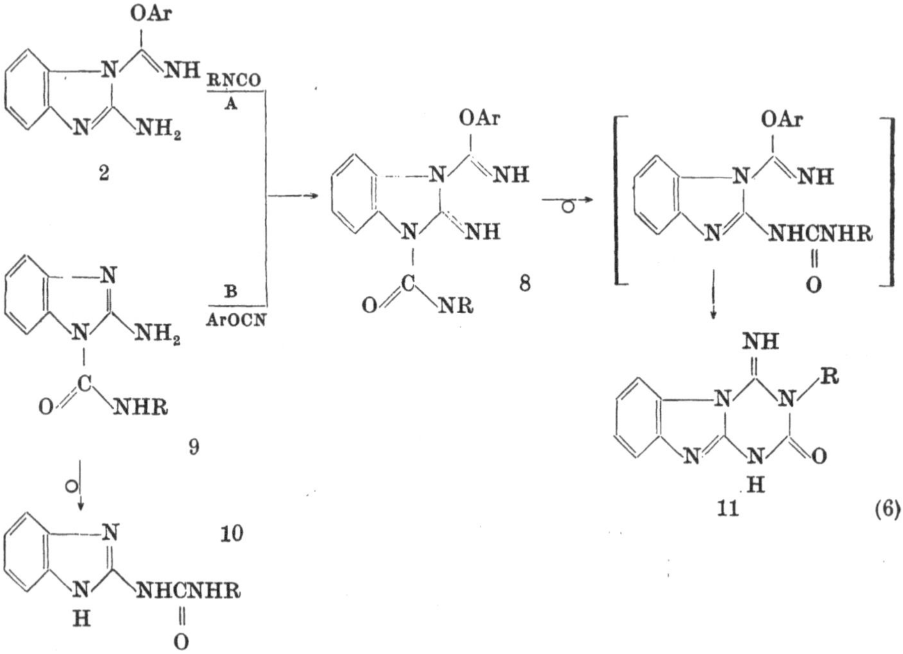

(6)

Analoge Beobachtungen liegen beim Guanidinobenzimidazol [8] und anderen Amino-N-Heterocyclen vor, wonach Acylierungsmittel in einer kinetisch kontrollierten Reaktion an einem Ring-N-Atom angreifen und anschließend je nach Art des Acylrestes eine mehr oder weniger schnelle Umlagerung zu den thermodynamisch stabileren exo-Acylprodukten erfolgt. Imidsäureester- und Nitrilgruppen zeigen keine Acylwanderung.

Die Acylgruppenübertragung ist aber auch intermolekular möglich. Mit diesen Beobachtungen war es uns möglich, ein neues Verfahren für das Anthelminticum MEBENDAZOL (s. Abb. 2) zu entwickeln [9].

Auffallend war bei unseren NMR-spektroskopischen Untersuchungen, daß bei den 4-Oxo-Verbindungen vom Typ *12* eine Tieffeldverschiebung des H_a-Protons um 0,6 ppm gegenüber dem Aromatenmultiplett zu beobachten ist.

Diese Verschiebung tritt immer dann auf, wenn das H_a-Proton im Anisotropiekegel einer carbonylanalogen Gruppierung C=X liegt (*13*), gleichgültig, ob es sich um einen anellierten 5-, 6- oder 7-Ring handelt [10]. Die Größe der

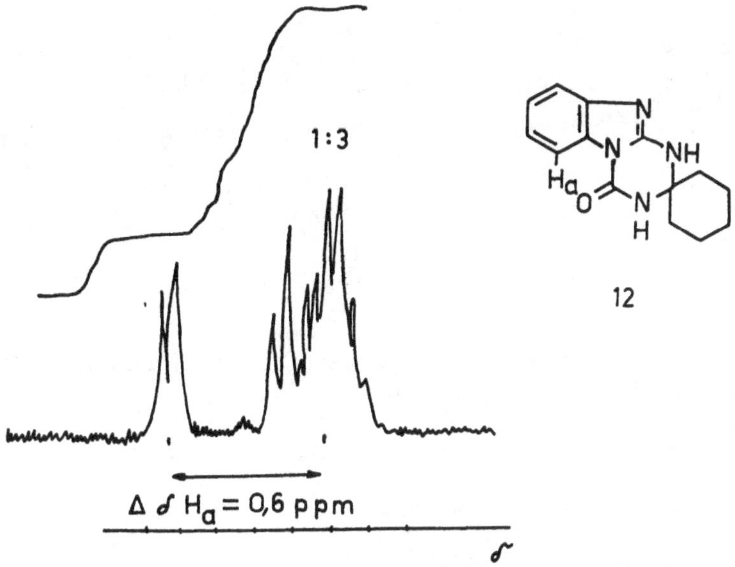

(7)

Verschiebung wird von der Natur der carbonylanalogen Gruppe bestimmt und liegt zwischen 0,6 und 1,5 ppm. Alkylierung von *14* zu *15* zerstört die carbonylanaloge Struktur und bringt damit auch die H_a-Verschiebung zum Verschwinden.

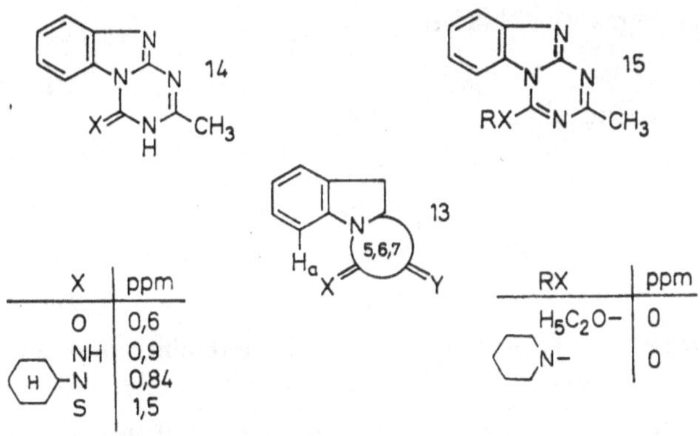

X	ppm
O	0,6
NH	0,9
(H)-N	0,84
S	1,5

RX	ppm
H_5C_2O-	0
(piperidino) N–	0

(8)

In der H_a-Verschiebung hatten wir damit eine sehr nützliche Methode zur Klärung von Isomerie- und Selektivitätsproblemen gefunden, für die folgende Beispiele stellvertretend genannt seien [10]:

1. Die fehlende H_a-Verschiebung bei der Cyclisierung von 2-ABI mit N-Alkoxycarbonyl-chlorkohlensäureesterimiden beweist die Struktur *16* und schließt das Isomere *17* aus.

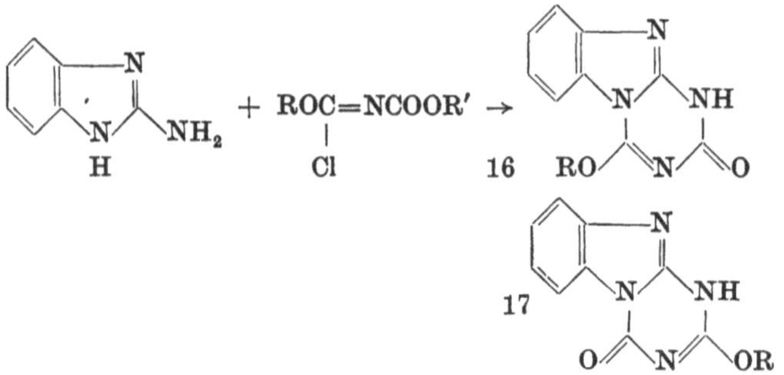

(9)

2. Die Alkylierung von *18* mit Diazomethan am O-Atom wird durch die H_a-Verschiebung von 0,9 ppm ausgeschlossen.

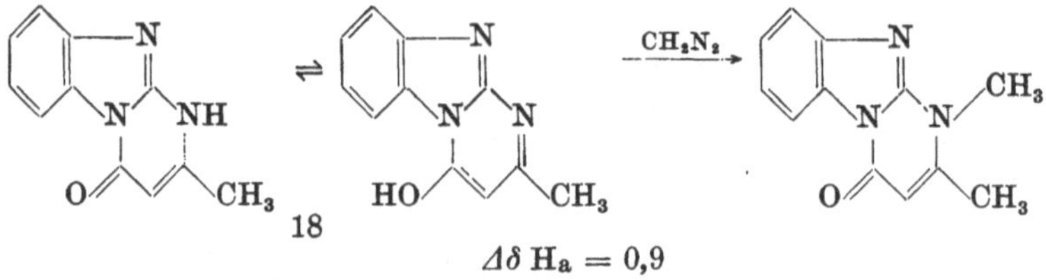

(10)

3. Bei der Umsetzung von *19* mit Natriumsulfid-nonahydrat zeigen die beiden beobachteten H_a-Verschiebungen von 0,6 und 1,5 ppm, daß Hydrolyse und Thiolyse nebeneinander und zwar im Verhältnis von 1:2 (aus den Integrationsverhältnissen der Signale) ablaufen.

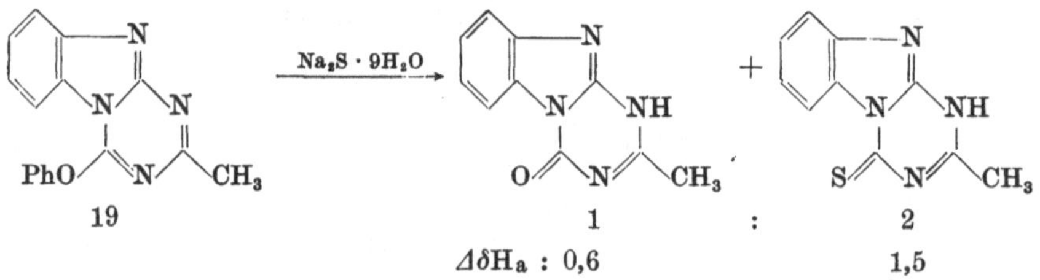

(11)

4. Die Acylierung von *20* ergibt ein Produkt mit einer doppelten H_a-Verschiebung und beweist damit den Eintritt des Acylrestes in die Position 10.

Bei den schwefelhaltigen heterocyclischen Kohlensäurederivaten ist die Strukturzuordnung möglicher regioisomerer Acylprodukte wegen des unterschiedlichen Bindungszustandes des S-Atoms leichter. Die kaum veränderte ^{13}C-NMR-Verschiebung der Thiocarbonylgruppe bei der Umsetzung von Benz*oxazolin*-thion-2 mit Arylcyanaten beweist ebenso wie die gleichbleibende langwellige UV-Absorption bei ca. 300 nm die intakte Thiocarbonylgruppe und damit die Isoharnstoffstruktur *21*. Eine S-Acylierung zu *22* würde sich in einer deutlichen Hochfeldverschiebung des C_2-Atoms und in einer hypsochromen

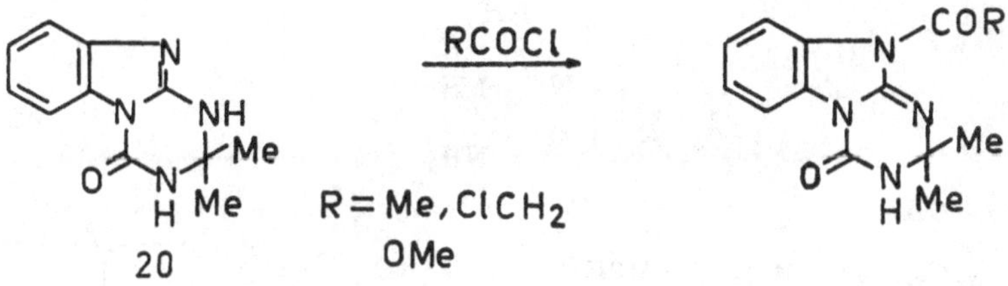

(12)

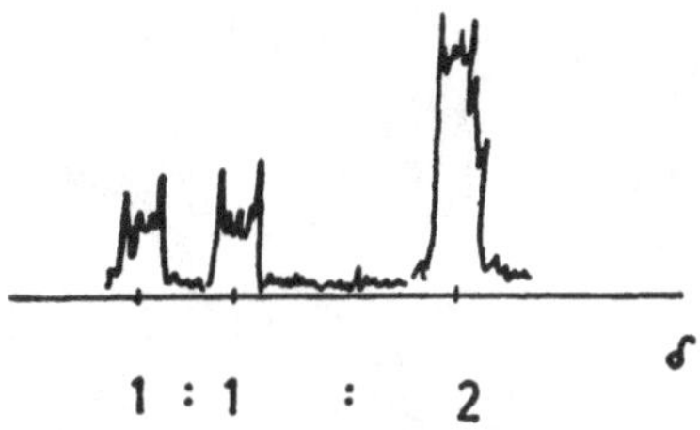

Verschiebung der UV-Absorption bemerkbar machen, wie es am Beispiel des Bis-benzoxazolyldisulfids *23* zu erkennen ist [11].

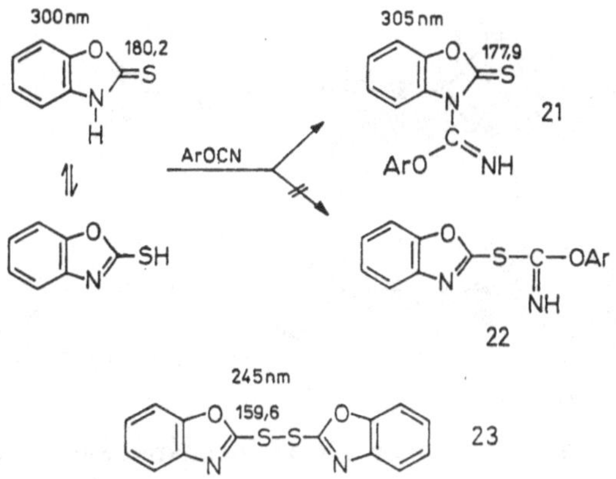

(13)

Die Benzoxazolin-thion-N-imidsäureester *21* werden in Abhängigkeit vom Lösungsmittel von Aminen entweder an der Iminocarbonylgruppe (in protonischen Lösungsmitteln) oder der Thiocarbonylgruppe (in aprotonischen Lösungsmitteln) angegriffen. Hydrazin liefert in einer vergleichbaren Reaktion unter Ringtransformation 3-Amino-4-(2'hydroxyphenyl)-5-mercapto-1,2,4-triazol *24*. Ob dabei primär die Iminocarbonylgruppe (Weg A) oder die Thiocarbonylgruppe (Weg B) angegriffen wird, ist nicht zu entscheiden [11].

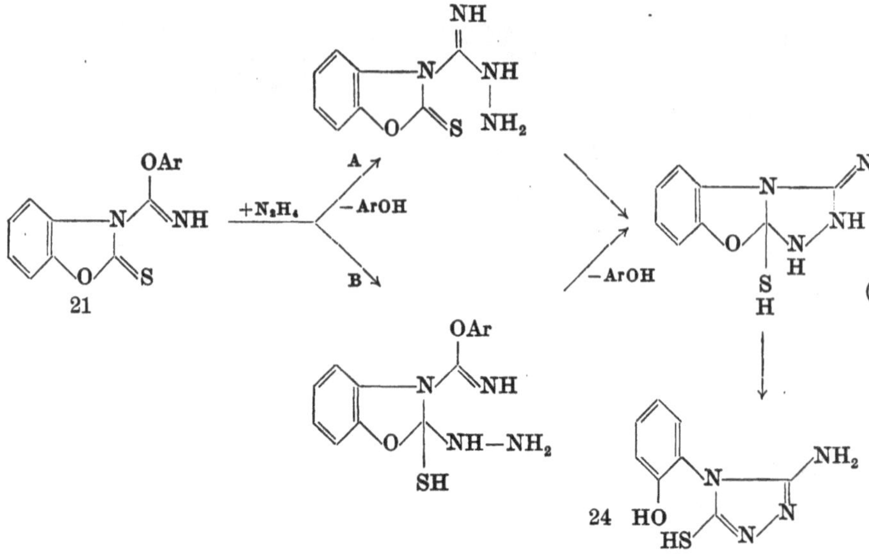

(14)

Benz*thiazolin*-thion-2 wird von Arylcyanaten am exocyclischen S-Atom angegriffen, wie die Bildung von Bis-benzthiazolin-disulfid *25* lehrt. Das folgende Bild zeigt die Reaktionssequenz, die als neue Methode zur Disulfidbildung Interesse beansprucht [12].

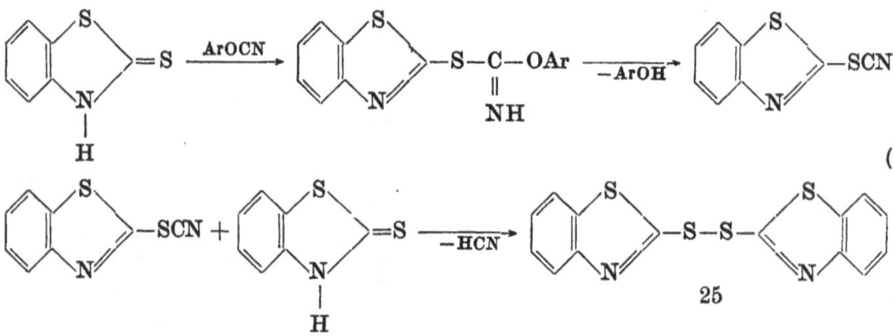

(15)

Benz*imidazolin*-thion-2 reagiert primär mit Arylcyanaten am N-Atom zu *26*, das schwer isolierbar ist und leicht unter zusätzlicher S-Acylierung weiter reagiert. Durch Phenol- und HCN-Abspaltung stabilisiert sich das System unter Bildung von 3-Aroxy-benzimidazolo[1,2-d](1,2,4)thiadiazolinen *27*. Die Bildungstendenz dieses neuen Ringsystems ist sehr hoch; sowohl durch Oxidation von *26* mit Jod, als auch aus dem Rhodanid *28* ist es leicht zu erhalten.

Mit Isocyanaten bildet Benzimidazolin-thion-2 in glatter Reaktion die entsprechenden Harnstoffe *29*, wie aus den spektroskopischen Daten hervorgeht. Durch Thermolyse, z. B. in siedendem Xylen, wird *29* in die Ausgangsverbin-

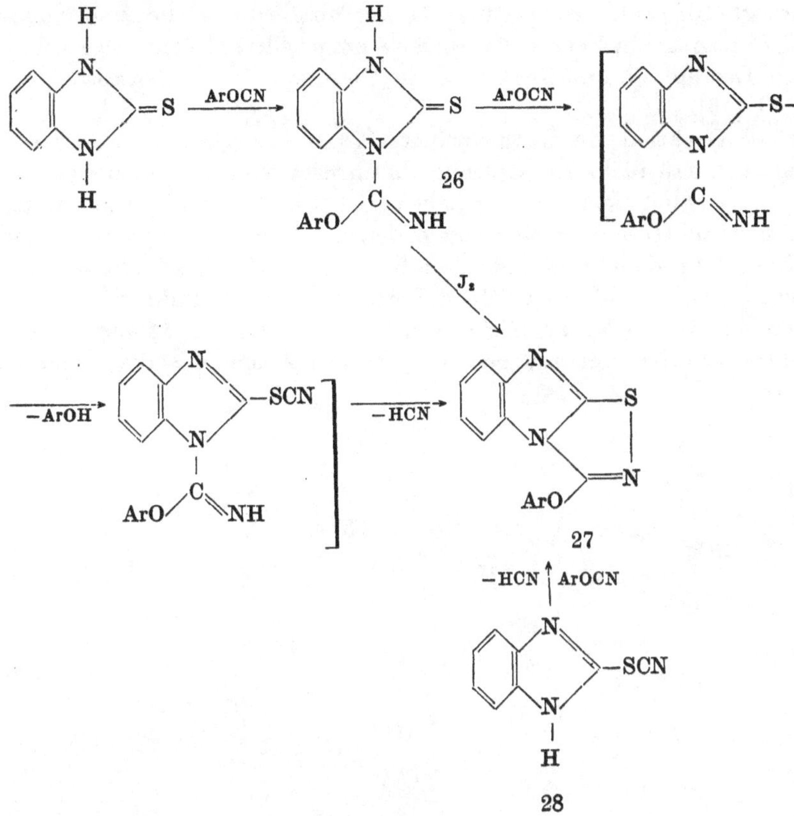

(16)

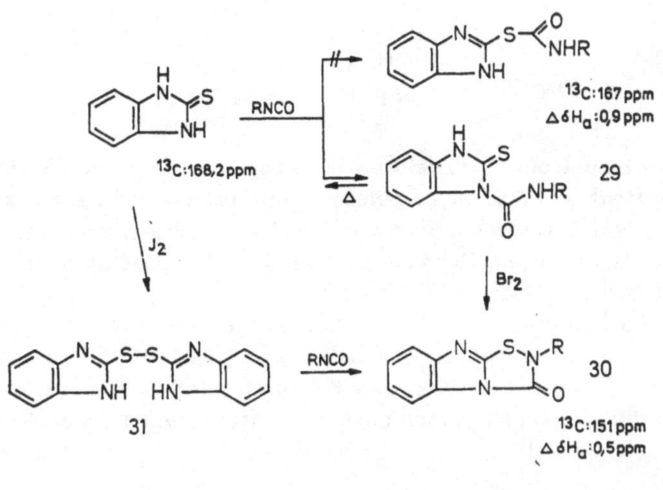

(17)

dungen zerlegt. Mit Brom erfolgt ein oxidativer Ringschluß zu Benzimidazolo-[1,2-d](1,2,4)thiadiazolinonen *30*, die auch bei umgekehrter Reihenfolge - Oxidation zum Disulfid *31* und anschließende Umsetzung mit Isocyanat - erhältlich sind [13].

Die analoge Reaktion mit Isothiocyanaten ist nur eingeschränkt möglich. Wir fanden aber, daß aus o-Aminophenyl-thioharnstoffen mit Thiophosgen die Thiocarbamoylverbindungen gut zugänglich sind. Durch Oxidation mit Brom wurden je nach Substituent R oder verwendetem Lösungsmittel farblose oder gelbe Cyclisierungsprodukte erhalten. Den farblosen Verbindungen kommt die Thiadiazolinthion-Form *33*, den gelben Verbindungen die Iminodithiazolin-Form *34* zu. In Lösung ist das Gleichgewicht zugunsten von *34* verschoben. Im Falle der n-Butyl-Verbindung gelang es, beide Formen zu isolieren und zu charakterisieren.

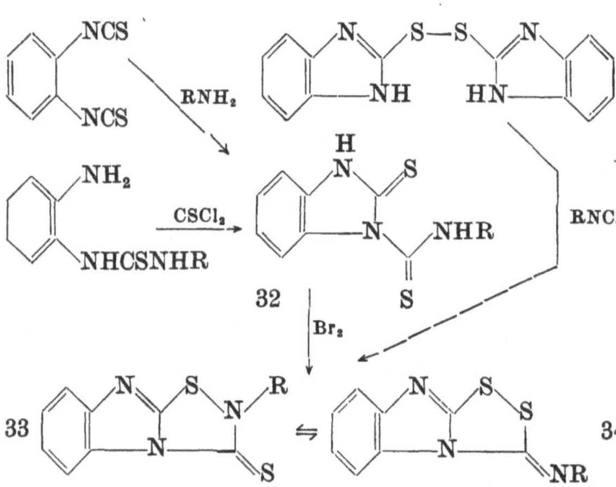

(18)

farblos — gelb

$\nu_{C=S}$: 1380 cm^{-1} — $\nu_{C=N}$: 1650 cm^{-1}

R = n-Bu: Fp. 140 °C — Fp. 77 °C — ^{13}C: 154 ppm — $\Delta\delta H_a$: 0,6 ppm

Die Benzimidazolo-thiadiazoline *30* spalten bei thermischer Belastung leicht Ioscyanate ab. Diese Reaktion läßt sich ausnutzen, um unterschiedlich strukturierte Thiadiazoline und Dithiazoline darzustellen. Die Austauschreaktionen mit Isothiocyanaten, Isocyanaten, Schwefelkohlenstoff, Cyanaten und aktivierten Nitrilen sind Beispiele hierfür (s. Abb. 19).

Alle aufgeführten Verbindungen wurden in biologischen Screeningtests im VEB Chemiekombinat Bitterfeld geprüft und haben z.T. sehr gute Wirkungen als Fungizide und Herbizide in verschiedenen Kulturen gezeigt. Bis zur Zulassung als Pflanzenschutzmittel ist jedoch noch ein weiter dornenreicher Weg zurückzulegen.

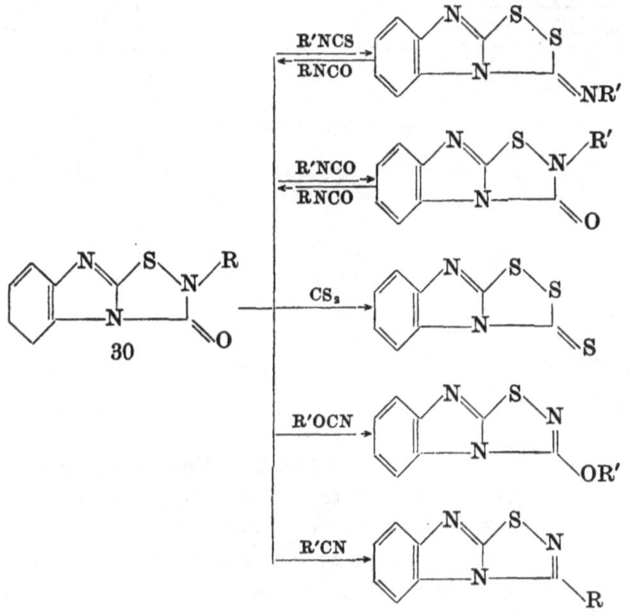

(19)

Literatur

[1] D. Martin, Synthetische Senfölbildner mit bakterizider, fungizider, nutritiver und das Wachstum von Viren hemmender Wirkung, S.-B. dtsch. Akad. Wiss. Berlin, math.-naturwiss. Kl. 7 (1962).

[2] D. Martin u. A. Rieche, Mber. dtsch. Akad. Wiss. Berlin **6**, 22 (1964).

[3] R. Wegler, Chemie der Pflanzenschutz- und Schädlingsbekämpfungsmittel, Bd. 2 und 4, Springer-Verlag, Berlin-Heidelberg-New York, 1977.

[4] M. Augustin u. K.-R. Kuppe, Tetrahedron **30**, 3533 (1974).

[5] D. Martin u. H. Graubaum, J. prakt. Chem. **321**, 315 (1979).

[6] D. Martin u. H. Graubaum, J. prakt. Chem. **321**, 379 (1979).

[7] H. Graubaum, D. Martin, D. Szeibert, M. Brekner, H.-H. Glatt, R. Bacaloglu, C. Czunderlik, J. prakt. Chem. **324**, 809 (1982).

[8] D. Martin, H. Graubaum, G. Kempter u. W. Ehrlichmann, J. prakt. Chem. **323**, 303 (1981).

[9] D. Martin, H. Graubaum u. H. Schumann, WP CO7 D/220 703 (1980).

[10] H. Graubaum u. D. Martin, J. prakt. Chem. **324**, 569 (1982).

[11] D. Martin, A. Wenzel u. R. Bacaloglu, J. prakt. Chem. **320**, 677 (1978).

[12] D. Martin u. A. Wenzel, J. prakt. Chem. **322**, 253 (1980).

[13] D. Martin u. F. Tittelbach, Tetrahedron 1983, im Druck.

Alfred Rieche

Schlußwort

Herr Präsident, Herr Sekretär!
Meine sehr verehrten Damen und Herren!

Ich bin Ihnen zu sehr großem Dank verpflichtet für diese Veranstaltung und diese mich sehr ehrende Feier meines 80. Geburtstages. Ganz besonders möchte ich danken für die Glückwünsche des Präsidiums der AdW und die hohe Ehre, die mir zuteil wurde durch die Verleihung der Alexander-v.-Humboldt-Gedenkmünze, die der Herr Präsident mir durch den Herrn Vizepräsidenten und Sekretär, Herrn KLARE, überreichen ließ. Ich danke auch vor allem unserem Sekretär der Klasse Chemie für seine so anerkennenden, herzlichen und freundlichen Worte, zumal er sich wirklich in einer schwierigen Lage befand, denn wir haben hier ja schon manchen Geburtstag begangen, und er hat schon öfter eine Laudatio halten müssen. Aber Sie haben sich dieser schwierigen Aufgabe in geradezu meisterhafter und wunderbarer Weise gewachsen gezeigt. Ich möchte auch den Herren SCHMITZ, DAHLMANN und MARTIN herzlich für ihre schönen Vorträge danken und ihnen zu ihren Erfolgen gratulieren. Schließlich gilt auch mein Dank den Mitarbeitern der Akademie, die mit großer Mühe die Organisation zustande gebracht haben und zum Gelingen dieser Festveranstaltung beitrugen. Ich erwähne da nur Herrn SCHMITZ, Herrn Dr. JONACH und Frau BECKER. Das alles hat viel Arbeit gemacht, aber sie mögen sich damit trösten: Noch einmal wird für mich der 80. nicht gefeiert.

Es waren schon mehrere meiner Geburtstage mit „runden Jahreszahlen“, die hier begangen wurden, und es ist wahrhaft schwer, neue Worte zu finden, zumal es mir unser Herr Sekretär noch schwerer gemacht hat: Er hat nämlich schon vieles vorweg genommen, was ich eigentlich sagen wollte. Wenn ich darüber nachdenke, habe ich das Gefühl, daß ich irgendwann schon einmal alles gesagt oder vielleicht auch geschrieben habe.

Ein sehr bekannter Wissenschaftler bedankte sich nach einer großen Ehrung zur Verblüffung und Enttäuschung aller nur mit den Worten: „Ich danke Ihnen, ich bin sehr stolz auf die Ehrung.“ Alle, die das hörten, hätten von dem großen Manne etwas mehr erwartet, aber jetzt kann ich ihn ein wenig verstehen. Junge Zuhörer, besonders Studenten, freuen sich, wenn ein „alter Professor“

Anekdoten – besonders aus der Zeit, als er an derselben Universität studierte – erzählt. Das ist verhältnismäßig einfach. So erlebte ich es mehrmals in Erlangen gelegentlich von Jubiläen und Ehrungen. Der Hörsaal war zu 80% von jungen Menschen besetzt. Heiterkeit und Beifall war zu finden, so groß, wie ich es in meinen Vorlesungen eigentlich nie erlebt habe, aber durch Anekdoten. Ab 1933 wurde der Frohsinn an den Universitäten immer seltener und damit die Anekdoten.

Mein erstes Lebensziel, auf einen Lehrstuhl für technische organische Chemie berufen zu werden, konnte damals nicht mehr verwirklicht werden. Nachdem meine Berufung als Nachfolger von BUCHERER in München gegen den einmütigen Willen der Fakultät abgelehnt wurde und man einen „alten Kämpfer" berief, der allerdings keine Siege auf dem Gebiet der Wissenschaft oder Lehre erfochten hatte, blieb ich in der Industrie.

Die Aufklärung des Mechanismus der technisch so wichtigen BUCHERER-Reaktion, die mit meinem Mitarbeiter HELMUTH SEEBOTH etwa 25 Jahre später im Institut für organische Chemie der Akademie gelang, war eine Art Reminiszenz, gottlob eine mit Erfolg.

Und damit wäre ich schon beim „Zurückblicken". Ich will versuchen, ein wenig Rückschau auf wichtige Entwicklungsstationen meines Berufslebens zu halten, deren wirkliche Bedeutung man allerdings meist erst viel später erkennt, wenn die Weichen für den Lebensweg längst gestellt waren.

Zunächst die Frage: Warum bin ich denn Chemiker geworden? Mein Vater und sein ältester Bruder waren auch Chemiker. Liegt es also an den Chromosomen? Da dies von unserer zweiten Tochter eindeutig verneint wurde, kann das nicht sein. Sie ist Ärztin. Als sie im Physikum von unserem Kollegen STRACK in physiologischer Chemie geprüft wurde, sagte dieser etwa: „Bei ihrem Chemikervater hätte ich von Ihnen eigentlich etwas mehr erwartet." Da erklärte sie: „Mein Vater hat die Chemie im Kopfe, aber nicht in den Chromosomen." Da Töchter bekanntlich immer recht haben, muß es also stimmen.

Mein Vater sah es gern, daß ich den Chemikerberuf ergriff. Er gab Anregungen, aber er ließ mir völlig freie Hand. Den stärksten Impuls gab mir sein Geschenk des sehr alten, aber großartigen Buches „Stöckhardt's Schule der Chemie", das immer vom Experiment bzw. von der Beobachtung ausging. Mit ganz einfachen Geräten, z. B. mit einer Spiritusflamme, wurden die Experimente durchgeführt, und als wir in Greifswald 1920 als Anfänger nach VOLLHARDS Anleitung im ersten Versuch Kochsalz verknisterten, hatte ich die meisten dort beschriebenen Reaktionen schon einmal gemacht; übrigens teilweise auch in unserer Schule, dem Karls-Realgymnasium in Bernburg, bei dem sehr anregenden Unterricht und Praktikum des Professors PÄTZOLD, dessen Assistent ich war. Er hatte übrigens den Spitznamen „Der Chlor".

Aber es gab auch andere wichtige Anregungen für's Leben, die man als Schüler noch nicht voll erkannte, z. B. von Dr. EBERT, daß richtige Zeiteinteilung, richtige Planung der Arbeit es ermöglicht, viel mehr zu tun als normalerweise. Die richtige Bedeutung des „carpe diem“ erkannte ich naturgemäß erst viel später und machte sie mir zur Leitschnur.

Von besonders großer Bedeutung für die Entwicklung sind natürlich die Hochschullehrer, mehr noch als ihr Können und ihr Wissen sind ihr Stil und ihre Fähigkeit, Begabungen zu erkennen und den Studenten das Beobachten, Denken, Schlüsse zu ziehen und danach zu handeln, beizubringen, d.h. das Schöpferische im jungen Menschen zu wecken. Wir nennen es selbstständig wissenschaftlich arbeiten und forschen zu können. Einer der ganz großen dieser Art war JUSTUS v. LIEBIG, von dem als Stammvater sich ein ganzer „Stammbaum“ bedeutender organischer Chemiker ableitet. Verfolge ich diesen „Stammbaum“ zurück, so war mein Lehrer RUDOLF PUMMERER eine Art Urenkel, sein Lehrer war RICHARD WILLSTÄTTER, dessen Lehrer ADOLF v. BAYER, der wiederum, obwohl nicht viel jünger, als Schüler AUGUST v. KEKULÉS, den bedeutendsten Schüler LIEBIGS, bezeichnet werden kann. Die Frage ist nun, bilden die bedeutenden Lehrer ihre Schüler so gut aus oder fühlen sich begabte junge Menschen, von der Wissenschaft besessene junge Menschen, dorthin wie durch einen geistigen Magneten hingezogen? Ich glaube, daß beides der Fall sein muß, um zur Vollendung zu kommen. So bildet sich dann eben eine Schule.

Doch nun zurück zu einigen weiteren Menschen, die wichtig für mein Berufsleben waren, denen ich immer dankbar sein werde und die mich stark beeinflußten. Da war in Erlangen der Physikochemiker GÜNTHER SCHEIBE, der mich frühzeitig die Verknüpfung von organischer mit physikalischer Chemie lehrte. So konnte ich damals die ersten quantitativen UV-Absorptionsspektren der Peroxide nach dem von ihm entwickelten Verfahren aufnehmen und die Identität von Peroxiden und Ozoniden feststellen. Der wissenschaftlich wenig bekannte Professor OSKAR SCHULZ, Physiologe, ist mir unvergeßlich als guter Studentenvater. Er war ein Meister der deutschen Sprache, und ich habe stilistisch viel von ihm gelernt. Unvergeßlich sind mir die stundenlangen Sitzungen, bei denen er mit mir den Text meiner Habilitationsarbeit durchging, die auch als erstes Buch über Peroxide und Ozonide herauskam. In meinem Vorwort des Buches steht 1930 leider nur ein recht bescheidener Dank, da mir die Bedeutung dieses Mannes für mein Leben wohl noch nicht so ganz klar war. Prof. SCHULZ gab mir nämlich einen wichtigen, allgemein beherzigenswerten Rat. Er sagte etwa: „Sie stehen erst am Anfang und dürfen nicht das bearbeiten, was Ihnen gerade einfällt. Sie müssen ein großes, zukunftsreiches Thema bearbeiten und dabei bleiben, nämlich die Peroxide, deren Erforschung dann immer mit Ihrem Namen verknüpft sein wird.“

Über das Problem der Themensuche habe ich mich bereits in meinen Dankesworten zum 75. Geburtstag eingehend geäußert und meinen Besuch bei RICHARD WILLSTÄTTER sowie seinen klugen Rat zur richtigen Themenwahl geschildert. Zu ihm war ich gekommen – er war wegen der Verunglimpfungen durch Rassenfanatiker nicht mehr im Amt – durch meinen Lehrer PUMMERER und WALDSCHMIDT-LEITZ, bei dem ich ein Semester als Gast in München arbeiten durfte. So wurde ich mit der Enzymchemie vertraut. Diesem Gebiet bin ich, wenn auch in abgewandelter Form, immer treu geblieben.

Tief eingeprägt hat sich mir auch ein Semester in Graz bei PREGL, bei dem ich die organische Mikroanalyse erlernte. Er mochte mich menschlich sehr, und ich durfte an seinem Junggesellenstammtisch regelmäßig teilnehmen, wo es oft recht deftig zuging. PREGL war ein Original und drastisch in seinen Äußerungen. Hier am Stammtisch bestätigte er mir lobend und amüsiert, daß ich die größte Dreckschleuder habe, die er je bei einem jungen Mann erlebte. Er lieh mir sogar sein heiliges Fahrrad, das, wie bei HANS FISCHER in München, stets in seinem Büro stand. Das praktische Ergebnis dieses Aufenthaltes waren etwa 1500 Mikroanalysen, die ich in Erlangen meist in den Abendstunden durchführte und die Entwicklung eines neuen Mikromolekulargewicht-Bestimmungsapparates, den PREGL sogar in sein klassisches Buch aufnahm, da er meinte, daß er besser als der von ihm entwickelte sei. Kurioserweise war damals sogar ein Exemplar im Deutschen Museum in München ausgestellt.

Ich könnte noch viele bedeutende und gute Menschen anführen, die mir in meinem Leben Leitschnur waren. Ich denke an die Leipziger Zeit seit 1933, an HELFERICH und seinen Kreis, an BREDERECK, der leider kürzlich verstarb, an CARLSON, an HEIN, der damals der Anorganiker war, an BONHOEFFER, den Physikochemiker. Ich denke an LANGENBECK in Halle, der uns ja allen noch bekannt ist. Ich denke an die Zeit von Jena und da besonders an FRANZ HEIN, mit dem ich jahrelang freundschaftlich verbunden war.

Man möge aber aus dem eben Gesagten sehen, wie wichtig es ist, als Gast in anderen Laboratorien arbeiten zu können, wenn man dort gern gesehen ist, nicht nur um Fachwissen zu erwerben, sondern um Menschen und Erfahrungen mit ihnen kennenzulernen. Ich habe hier nur einige Stationen meines Lebens genannt, wobei die Gebiete wohl weit auseinander zu liegen scheinen, die aber doch vor allem durch menschliche Erfahrungen bestimmend dafür waren, ein Institut leiten zu können, wie in der Industrie, oder eines aufbauen zu können, wie in der Akademie. Herr UHLIG, der so liebenswürdige anerkennende Worte von der Universität Jena und meiner Tätigkeit dort fand, warf die Frage auf, ob ich das nötig gehabt hätte. Ja, ich kann sagen, ich hatte es nötig, denn ich brauchte ja Mitarbeiter, und die lernte ich in Jena kennen. Und einige meiner sehr erfolgreichen Mitarbeiter stammen aus Jena. Es war also auch eine Art von Egoismus dabei.

In der Industrie, das muß ich erwähnen, hatte ich einen Vorgesetzten, Dr. KARL MARX, der außerordentlich großzügig war, dazu mit köstlichem Humor begabt und dadurch viele schwierige Lagen meisterte. Vor drei Jahren sah ich ihn im Alter von über 90 Jahren, noch geistig sehr frisch, in München. Nun lebt er nicht mehr. Durch ihn bereicherte ich mich mit Menschenkenntnis und Befähigung zum zähen Verhandeln, ohne die es nun in der Industrie nicht abgeht.

Aber man darf nie Dinge übernehmen, die einem nicht liegen. Man darf sich auch nicht mit einer Arbeit stur herumschlagen, die über die Kräfte geht, wie es so manche tun. Vielleicht ist es falsch, aber ich habe die Erfahrung gemacht, daß, wenn man eine Idee zu haben glaubt, man zunächst einmal ohne Literaturstudium anfangen soll. Meist findet man doch etwas Neues. Studiert man vorher, was alles gemacht ist, so wirkt das so entmutigend, daß man erst gar nicht anfängt. Es ist besser, einmal etwas umsonst getan, also „offene Türen eingerannt" zu haben. Jedenfalls hat sich diese Methode bewährt. Nur bei Arbeiten, die praktisch, evtl. technisch notwendig waren, habe ich eine große Sturheit und Zähigkeit bewiesen, denn sie mußten ja irgendwie zu Ende geführt werden.

Wirklich neue Sachen werden oft nur durch Zufall gefunden, d.h., wenn der Chemiker besonders gute Beobachtungsgabe hat und aus diesen Beobachtungen seine Schlüsse und Folgerungen ziehen kann. Hierfür könnte ich viele Beispiele anführen, wie viele große Erfindungen durch Zufall gemacht wurden. Man reiht diese Beobachtungen mit Recht in die Erkundungsforschung ein. Ich habe mich nie sinnlos festgebissen, öfter auch eine Arbeit liegen lassen, wenn es gar nicht gehen wollte, und sie später unter anderen günstigeren Voraussetzungen erfolgreich zu Ende geführt. Ich denke daran, daß ich z.B. als eine der letzten Arbeiten mit einem Mitarbeiter in Jena das Problem in einer Doktorarbeit erst richtig lösen und nachweisen konnte, daß PUMMERER das erste feste Radikal mit einwertigem Sauerstoff in kristallisierter Form in Händen hatte.

Ich dachte oft an einen Vers aus unserer lustigen Chemikerzeitung in Greifswald, die anläßlich des Weggangs PUMMERERS verfaßt wurde, eine Sondernummer der „Zeitschrift für Angewandte Chemie". Und zwar stand dort über einen Doktoranden, der sich stur festhielt an einer Arbeit: „Er kaufte sich Carnauba-Wachs, C-60 denkt er, ha ich mach's. Und wenn es 60 Jahre dauert, er sprach's und tat's, der Laie schauert".

Nun noch ein paar Worte über die Auswahl der Mitarbeiter, die entscheidend ist für Erfolg oder Mißerfolg. Mitarbeiter von mir behaupten, ich habe einmal gesagt, ich könne nur „von der Chemie Besessene" gebrauchen. Das ist wohl etwas extrem, denn Mitarbeiter sollen nicht nur nach Wissen, Können, Eifer, Phantasie, sondern auch nach menschlichen Qualitäten gewählt werden. Es ist wichtig, daß jeder von ihnen immer weiß, welche Aussichten und Grenzen er hat. Ich erinnere mich an viele Gespräche, die ich dieserhalb hatte und deren Ergebnis unter beiderseitiger Zustimmung auch aufgezeichnet wurde. Ich glaube, daß der Verlauf der beruflichen Entwicklung dieser Beurteilung meist recht gab. Man muß also Menschenkenntnis haben und extrapolieren können. Das sind Probleme des Gefühls und der Erfahrung.

GÜNTHER SCHEIBE sagte einmal in einer Dankesrede anläßlich einer Ehrung: „Ein wissenschaftlicher Leiter ist soviel wert wie die Summe seiner Mitarbeiter." Und nun müßte ich, um das zu unterstreichen, auch das zitieren, was unser Herr Sekretär bereits getan hat und ich nun nicht noch einmal ausführen kann. Ich möchte aber mein „ceterum censeo" erneut sagen, daß die schlimmsten Mörder die „Stimmungsmörder" in einem Arbeitskreis und in einem Institut sind, d.h. solche, die eine gute Atmosphäre und die Arbeitsfreude zerstören. Man spricht soviel vom Umweltschutz. Die nächste Umwelt ist aber unsere Arbeitsstelle und auf den Schutz ihres Klimas, ihrer Reinheit sollte man besonders bedacht sein. Gemeinsames Leid und gemeinsame Freude verbinden die Menschen oft am engsten. So zählt es zu den glücklichsten Augenblicken meines Lebens, mich mit den Mitarbeitern gemeinsam an einem Erfolg freuen zu können.

Und nun noch ein paar Worte zu meinem heutigen Leben: Wohl dem, der sich neben seinem Beruf, selbst wenn er sein Hobby war, noch mit anderen Dingen beschäftigt hat, die Freude machen und oft sogar kleine Erfolgserlebnisse geben. Sie werden später seine Jahre erfreulich machen. Ich tat dies mein Leben lang in reichem Maße. Manche Wissenschaftler sind nach ihrer Emeritierung noch glücklich, in einer Spielecke mit Unterstützung durch ein bis zwei Mitarbeiter in ihrem Fach wirken zu können. Ich brachte das nicht fertig. Wenn jemand ein Solist war, das mag etwas arrogant klingen, ist es dann befriedigend in einem Chor mitzusingen, für den das vielleicht sogar fördernd wäre? Man muß sich über das Ende seiner schöpferischen Leistungsfähigkeit im klaren sein. Nur wenige vermögen, mit der Entwicklung Schritt zu halten. Das Wunder dieser Art war Hans Meerwein, der bis fast zu seinem Tode noch ein geistiger Mittelpunkt des Instituts in Marburg war und bekanntlich den Houben-Weyl redigierte. Ich kann das nicht. Als Adolf v. Bayer zu seinem 70. Geburtstag gefeiert wurde, erklärte er etwa sinngemäß, daß er, wäre er jetzt jung, nicht mehr Chemie studieren würde. Diese habe sich so sehr verändert, daß sie ihm keine Freude mehr bereiten würde. Ich würde das sagen, wenn ich von der Oberschule käme und den Chemieunterricht genossen hätte. Ich will nicht vom Chemiestudium etwa abraten. Nachdem ich aber die Vorträge heute gehört habe, möchte ich sagen, ich würde doch wieder Chemie studieren. Etwas anderes wäre natürlich auch, wenn der „Alte“, wie ich in Anführungsstrichen sagen möchte, als „ausgleichende menschliche Autorität“ noch „an Bord“ ist, wie etwa unser noch älterer Kollege Rasuwajew in Gorki. Hier wäre das wohl kaum möglich in diesem Stil, und darum ist es für alle besser, rechtzeitig abzutreten. Ich weiß auch nicht, ob ich meinen früheren Mitarbeitern da nicht sehr lästig geworden wäre, wenn ich immer noch im Institut herumgeisterte. Ich habe dieses Abtreten zunächst gezwungenermaßen, dann aber mit hoher Einsicht getan, und ich darf glücklich darüber sein, daß vielleicht gerade dadurch die meisten einstigen Mitarbeiter mich in guter Erinnerung haben, wie ich immer fühle, wenn ich sie treffe. So empfinde ich Dankbarkeit gegenüber allen, die mit mir arbeiteten, Vorgesetzten und Mitarbeitern, die mir fast jeden Arbeitstag zur Freude machten.

Lassen Sie mich schließen mit jenem frohstimmenden Spruch aus dem Prediger Salomo, den Brahms zum Text eines seiner „ernsten Gesänge“ machte: „Darum sahe ich, daß nichts Besseres ist, denn daß der Mensch fröhlich sei in seiner Arbeit; denn das ist sein Teil.“

FSC
www.fsc.org
MIX
Papier | Fördert gute Waldnutzung
FSC® C083411

Zeitfracht Medien GmbH
Ferdinand-Jühlke-Straße 7
99095 Erfurt, Deutschland
produktsicherheit@kolibri360.de